印刷・加工
DIY Book

特殊印刷・製書・加工──實現趣味＆設計創意的專業級作品！

U0038469

前言

經常看到有人想要製作設計精緻但量少的印刷品，卻因為印刷加工廠方面皆有幾百幾千份以上的數量限制，在考量預算之下，往往無法如願。也有人想在印刷品上作一些設計巧思，卻苦於不知從何處著手實行。

不管是個人自製刊物，還是受委託的工作案，都希望能製作出吸引人的印刷品＝設計紙品。即使在印刷品總數量逐年減少的現在，只憑個人之手特別創作這類設計紙品，該如何吸引更多人欣賞，並且看到這些印刷品的同時被打動，皆是製作時的著眼點。

實際上，很多時候除了受限於嚴苛的預算，也不清楚該去哪裡尋找能夠製作特殊印刷加工的印刷廠。即便找到接受委託的工廠，有時候製作出的效果卻不是當初所想的樣子。

二〇一〇年秋天出版的《純手感！印刷・加工DIY Book》便是在這樣的想法之下企劃誕生。書中介紹了各式各樣印刷與加工DIY（Do it yourself ＝自己動手作）的方法步驟，讓不是專業印刷加工廠的你，也能靠自己的雙手完成作品。

本書是《純手感！印刷・加工DIY Book》的第二集。這回要帶給大家更多前作所沒有的內容，更多變化的特殊印刷與加工、製書方法。將介紹一些可以啟發創意的DIY作品，及製作設計紙品時，必備的裁切或摺紙技巧、基本解說與便捷的機器操作方式。

如果你想要親手製作獨具巧思且吸引人的印刷品，又因有限預算而無法達成，一定要展閱本書，相信本書絕對是你的最佳幫手。

CONTENTS

實踐篇 III 裝訂

工具介紹

DIY作品

以螢光麥克筆於整疊印刷品的四個切口面著色

設計：小熊千佳子
製作份數：1000份
手工作業部分：將卡片堆合成疊後，以麥克筆於四個切口面著色。

這款印著古典版畫風格圖案的賀年卡是以一種名為Half Air的柔軟紙張製成。使用隨處皆可買到的螢光黃色麥克筆，將整疊賀年卡的四個切口面塗上顏色，讓原本單色的印刷品頓時增添了鮮豔色彩。「活版印刷的賀年卡風格古典雅緻，但我想要呈現帶點俗媚的感覺，所以在整疊卡片切口面著色。」（小熊小姐）。可以將印刷品平分成兩疊各五百份，再分別上色。

以螢光麥克筆塗上炫麗的顏色。

貼上膠帶或膠片，每張皆為獨一無二的賀年卡

設計：吉岡秀典（セプテンバーカウボーイ）
製作份數：200份
手工作業部分：貼上製書用膠帶或膠片，以釘書機固定，以圓角剪刀裁剪卡片四個角。
在兩面印刷的賀年卡上隨機作出各式不同的效果加工，讓賀年卡展現了手作的風格。「如果卡片只是印刷好像少了些什麼，所以我大量利用文具店或居家DIY賣場可以買到的製書膠帶或膠片等黏貼材料完成創意加工。有些卡片的圓角設計則是利用圓角剪刀剪出來的。賀年卡主題是『新年一到，福氣就來』希望每個人都能抽到上上籤。但現在看起來，藏在大吉字樣後面的臼形手繪人物感覺還滿恐怖的⋯⋯」（吉岡先生）

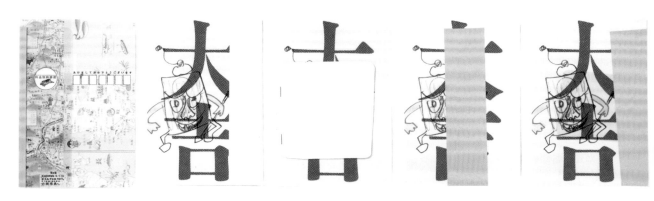

應用風格多變的媒材＆印章，逐張印刷製作！

設計：吉岡秀典
製作份數：200份
手工作業部分：在圖案與文案部分蓋上印章，放入塑膠袋密封。
使用透明果凍狀材料或觸感柔軟的白色媒材作成搶眼的賀年卡。在印刷設計上，選擇了尺寸大小接近滿版的圖案印刷，以及有AKEMASHITE OMEDETOGOZAI MASU字樣的印章，印泥則選擇能印於塑膠材質上的墨水印泥，逐張印製讓每張賀卡各有不同風貌。「白色或透明的材料皆是用來作為緩衝的特殊材質，因為想創作一些特殊觸感的賀年卡，所以在居家DIY賣場找到這個神奇商品，立刻放入購物車結帳。」（吉岡先生）

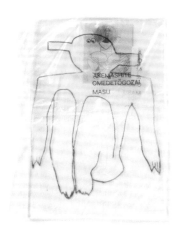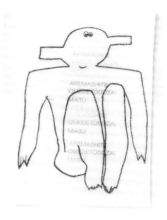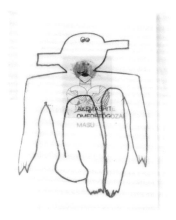

ひとにぎりの　　　＊＊

それ　は(わ)　　　＊

はんの　ひとき

めのまえに　ある　　だけ

さあ　よ　ぼう　と　お　く　たかく

ある

いる

うる

える

ありかなる　やさしさ　が

あふれた　　は(わ)

すそその

てのひらに

そそがれる

てからて　へ(え)

ほぉふわり

あっしか　このほしを

ぐるっと　するのだ

ありがとう

の　ことばと　ともに

これまでの　きおく　　　が

さとめしとなる

め　ぐりゆく

み　　　おもいおもい

え

るもの

だけ　じゃない

おもうこと

とりはらえ　ときはなて

だれにも　み　ち　は(わ)

あるの　だから

とりはらえ　ときはなて

だれにも　み　ち　は(わ)

あるの

經過凹凸版壓印後，呈現出豐富清晰的立體感。

點字卡片

設計：大崎善治
製作份數：各色300份
手工作業部分：在訂製的凹凸樹脂版上以Letterpress kit壓印出點字。
結合一般文字與盲人用點字，排列構成一款兼具視覺與觸覺的點字詩卡。一般的文字是凹版印刷製而成，點字則是與真映社特別訂製的凹凸樹脂版，再以Letterpress kit手工逐張壓印，呈現出浮雕的效果。「點字通常都是以點字機或點字列印機作成，我想將這部分當作是一般工作的延伸技術的再現。」（大崎先生）此紙張為一種經過熱壓印後，熱壓印部分會呈現微透明感的特殊紙。

使用大型印章逐個印出商品名

設計：原田祐馬・山副佳祐（UMA／design farm）
製作份數：500份
手工作業部分：將商品名稱以大型設計印章印於包裝上。
由藝術家名和晃平主持的工廠SANDWICH，其生產的方便米食「SANDWICH」的包裝就如同商品名稱一樣，作成三明治形狀。「由於預算有限，所以在此使用大尺寸的商品名稱設計印（直徑120mm），再以手工一個一個印於包裝紙袋上。」（原田先生）

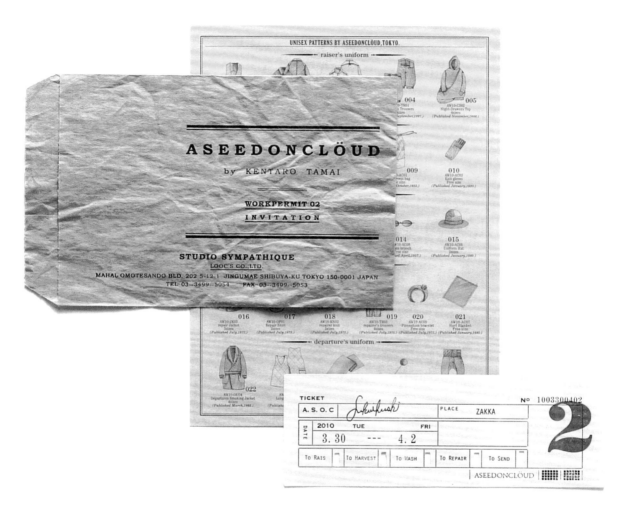

以水沾濕之後待乾，
讓信封呈現了皺皺的陳舊感

設計：高田唯（オールライトグラフィックス）
製作份數：1000份
手工作業部分：先將信封以水沾濕，再以吹風機吹乾。
仿舊效果之美可以提升設計的生氣。由玉井健太郎領軍的服裝品牌
ASEEDONCLOUD的展示會邀請函信封，便採用這樣的加工方式，效果相
當醒目。「我想讓信封呈現一種皺皺的陳舊感」（原田先生）

使用多色印章展現繽紛華麗的風格

設計：いすたえこ（NNNNY）
印章：葛西繪里香
製作份數：300份
手工作業部分：利用變換不同顏色與圖案的自製
印章，逐張印於DM上。

這是版畫家葛西繪里香的個展DM，DM以黑白
照片為底圖，再將葛西小姐親手雕刻，圖案非常
細緻的油氈印章印在底圖上。可以隨意變換印章
圖案或顏色的組合，使每張DM都獨一無二。此
外，想要顏色有更多變化，不妨在沾印泥時，視
情況調整位置與分量，依照顏色不同分成多次蓋
印，即可完成多色印刷風格。

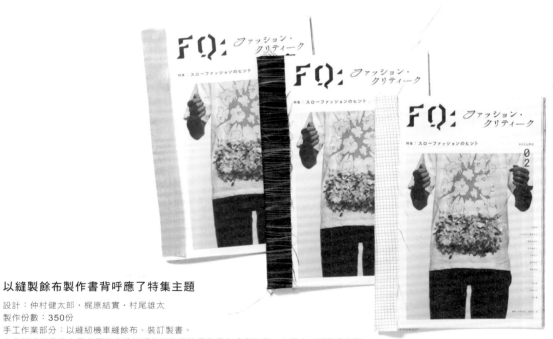

以縫製餘布製作書背呼應了特集主題

設計：仲村健太郎・梶原結實・村尾雄太
製作份數：350份
手工作業部分：以縫紉機車縫餘布、裝訂製書。
由京都造形藝術大學空間演出設計系的服裝設計課程學生成實弘至、水野大二郎發行的服
裝評論雜誌《FQ》，本期主題是slow fashion的提示及「環保」、「在地」兩個特集。
因為內文裡提到「剩餘布料的再利用」，所以雜誌裝訂方式便採用這個概念，以花色不同
的餘布包裝每本雜誌的側邊，以縫紉機車縫固定，最後以中間裝訂完成製書作業。排版設
計與縫製作業全是服裝設計課程的學生一手包辦。

利用樹脂的流動DIY作出UV印刷風格

設計：高谷廉（AD&D）
製作份數：5份
手工作業部分：木版製作（Words字樣）＆印刷、淋上樹脂。
以設計、言詞、照片為主題的三部曲作品（書中示範是三部曲中的「照片」、「言詞」）。在活版印刷字體或空景照片上淋上厚厚一層的透明樹脂，使海報呈現出立體感。「通常需要所謂的UV印刷技術才能作出這種具有厚度的特殊效果，但我決定用樹脂試試看。」（高谷先生）建議購買多款不同的樹脂，先在紙上實驗看看，然後挑選其中硬化厚度最厚的一款。

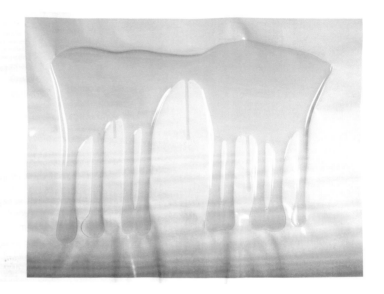

在宣傳單燙印上設計文字與十字裁切線，再以手工裁切。

回收過去的宣傳單，
轉化成充滿懷想的入場門

設計：原田祐馬（UMA/design farm）
製作份數：200份
手工作業部分：沿著設計後的十字裁切線裁切出門票。

DESIGNEAST02的門票是利用之前00、01兩屆的宣傳單，對半裁切後以燙色加工將設計文字與十字裁切線燙印於宣傳單上，最後手工裁切完成。「這張票券是認同出資型的入場門票，也就是讓購買的參觀者依照自身的認同意願而決定票價（10000日圓起）的三日券。由於實在沒有多餘預算印製新的票券，所以認真思考後決定利用手邊現有的材料來製作。以存檔用的舊宣傳單（00、01兩屆）為底圖，只在上面燙印加工。沒想到低預算也能作出非常好的效果，又兼具懷想意義的票券。」（原田先生）

利用製衣剩餘的布料作成
可愛的標籤牌

設計：福岡南央子（woolen）
製作份數：500份
手工作業部分：裁剪餘布並於邊角打洞之後，穿上細繩、以印章印上品牌logo。
這是服裝品牌BEAUTIFUL LABOR的標籤牌。使用製衣過程中剩下來的布料，
裁剪之後印上品牌logo。整體作業皆出自工作人員之手。「印泥的顏色視布料顏
色而從中選擇，沒有一定的規則。」（福岡小姐）品牌的簡介小冊子是採用活版
印刷印製。

品牌簡介的小冊子。

裁剪餘布製成的標籤吊牌。

以大張貼紙連結作出
長版蛇腹摺頁的廣告印刷品

設計：原田祐馬（UMA/design farm）
製作份數：2000份
手工作業部分：以大張貼紙連結兩張蛇腹摺頁，即變成長版樣式。
這是負責空間、建築、家具、商品企劃設計的公司SIDES CORE的歷程檔案小冊，內容包
括了曾於米蘭發表的新作、過去的設計作品檔案等等。「最初是想單憑一張紙作出長版蛇腹
摺頁，但因為預算不足，只好以手工將兩張蛇腹摺頁結合成一張。一般大多使用膠帶，我們
則是改以大張的貼紙來黏貼。這樣就完成一本像小書的蛇腹摺頁小冊子。」（原田先生）

彩色漸層車線增添蠟紙信封的可愛感

設計：平川珠希（LUFTKATZE design）
製作份數：500份（信封）
手工作業部分：利用縫紉機在蠟紙信封邊緣車縫上彩色漸層線。

這是一組包含了印有活字花色的便箋紙、淺棕色蠟紙信封，及地址卡的信箋組。信封為防油蠟紙，在其邊緣車縫上彩色漸層線，多彩的車縫線為雅緻的信箋組增添了鮮明的印象。

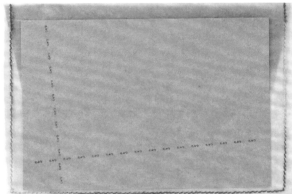

包裝信箋組的紙束套上也打上了一條彩色線，花形般的蝴蝶結十分可愛。

以雞眼釦裝訂兩張電話圓形撥鍵造型卡片

設計：平川珠希（LUFTKATZE design）
製作份數：3000份
手工作業部分：使用雞眼釦裝訂兩張圓形電話撥鍵造型的卡片。

這是一款活版印刷的電話圓形撥鍵造型卡片，充滿懷舊的印象。將數字7旁的圓形圖案挖空，讓手指可以伸進去，仿照電話撥鍵一般能撥動卡片，即可看到卡片內的文字。最初一千張全部都以手工挖洞，加印份數之後則委託工廠製作，但雞眼釦裝訂部分仍是由手工加工完成。

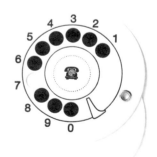

使用雷射印表機＆稿紙印製zine

設計：古屋貴廣
製作份數：3份
手工作業部分：使用雷射印表機與稿紙列印、以黑色長尾夾裝訂成冊。

以彩色雷射印表機列印出封面與內頁，再以黑色長尾夾裝訂，由於設計風格非常簡約，所以選擇稿紙當作內頁紙，增加視覺重點。「這本zine的視覺設計採用工業金屬團IIKO原有的圖案設計概念。由於想要表現『沒有歌詞，卻包含無數哲學與言詞在其中』的想法，所以選了稿紙作為底頁。當然，稿紙的質感也非常吸引人。」（原田先生）這是一個只要改變用紙，就立即提升印刷品存在感的最佳範例。

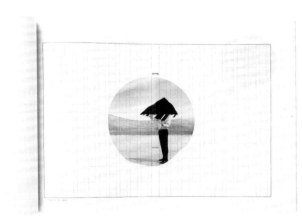

以平筆塗刷上印刷稀釋劑，作出
明顯的肌理紋路。

獨特的塗刷肌理提升了存在感

設計：サーモメーター
製作份數：各500份
手工作業部分：以塗刷印刷稀釋劑製造出筆觸肌理、噴上噴漆。
服裝品牌BLANCbassque的春夏展示會DM，其獨特的筆觸肌理，令人印象深刻。先於紙
上印上反字文案，再逐張以平筆沾上粗粒子的印刷稀釋劑，塗刷出凹凸的肌理紋路。接著噴
上噴漆即完成具有存在感的個性印刷品。

以剪刀裁剪加工，作出仿真的燒焦痕跡

設計：サーモメーター
製作份數：500份
手工作業部分：使用剪刀沿著印刷出來的燒焦圖案，裁剪加
工作出仿真效果。
這是BLANCbassque冬季展示會DM。先於紙上隨機印刷
出燒焦圖案，為了加強燒焦的仿真效果，再以剪刀裁剪這些
燒焦痕跡，提升整體的視覺印象（因為是造型卡片，所以在
日本郵寄時選擇不規則信件格式郵寄）。

基礎編

基本裁切 · 摺紙技巧

向製書設計師・都筑晶繪　學習摺紙＆裁切

製作設計紙品，「摺紙」與「裁切」是最基本的功夫。雖然每個人都會，但手藝精巧與否卻決定了製作成品的完成度，其好壞可説是天地之差。從事多年手工製書技巧教學的製書設計師都筑晶繪，將教大家薄紙、厚紙的摺紙與裁切方式，及摺疊紙張的裁切法。

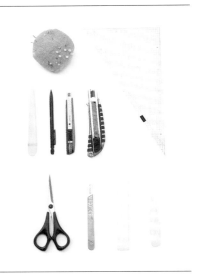

基本工具（右側圖上）
大頭針（使用於裁切細微角度時）、**骨製模具刀**（在製書工具材料店可買到，亦可以竹製抹刀代替）、**美工刀**（選擇便於使用的尺寸）、**自動鉛筆**（畫裁切位置的記號）、**三角尺**（以上面附有方格圖的樣式為佳）。

方便的進階工具（右側圖下）
剪刀（基本上裁切多使用美工刀，有些情況使用剪刀會更便利）、**解剖刀**（裁切細微處時非常方便，大型居家 DIY 賣場亦有售拋棄式）、**鐵氟龍模具刀**（便於直向摺紙，同時反覆壓摺也不會使紙張纖維產生拋光感）、**骨製模具刀**（小）（雖然骨製模具刀可用砂紙研磨調整厚度與形狀，但選擇小支樣式會更方便）。

---

① **以Turkish map摺法為例，示範基礎的摺紙・裁切技巧**

這是都筑老師留學海外學習製書技術時，所學到的摺紙方法。因為土耳其的地圖都是採用這種摺法，稱為Turkish map。內頁選用薄紙，外頁則選用重180g的厚紙。

① -01　薄紙的摺法祕訣

1　準備一張長寬25cm的正方形紙張，完成後的尺寸是12.5cm的正方形。

2　以對角線為準對摺紙張。精準對齊兩個頂點之後，以手指壓住紙中央，再依序分別往兩端壓摺。如果從三角形的底部任一端開始壓摺，容易使一邊變得比較大。

3　完美對摺成等腰三角形。

4　反面也對摺成一半，展開。

5　對摺成長方形，與先前相同，將一邊的兩面端點對齊，以手指壓住紙張中央部分對摺，再摺另一邊。

6　為了摺得扎實，在此使用模具刀劃壓出褶痕。若直接於紙張以骨製或竹製模具刀劃壓，會造成紙張產生光澤，請於紙張上方墊一張影印紙後，再劃壓於影印紙上。

7　作出褶痕後，展開整張紙，順著褶痕將紙張往內側摺進去。

8　成為三角形。

9　將三角形的正反面四個角分別往中央對摺。

10　將對摺好的四個角，再分別反褶產生褶痕之後展開。

11　接著順著褶痕打開四個角，往內側摺入。

12　四個角全部往內側摺入後，完成。

①-02　厚紙的摺法祕訣

1　接下來以厚紙製作剛剛摺好之薄紙的外層紙板。準備厚度約0.5cm，長寬128×260mm的紙板，以三角尺固定在紙板寬度126mm的位置。

2　沿著三角尺，以骨製模具刀劃出褶痕，建議將模具刀盡量放平操作，又因為紙板厚度較厚，可以重複畫兩次。

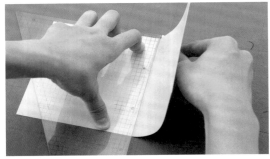

3　完成後上述步驟後，單手繼續保持按壓姿勢，以骨製模具刀從紙板背面，就像是挑起紙板一樣，將紙板作出褶痕。

4　從側面看就如圖，模具刀緊密地靠著三角尺。

5　骨製模具刀沿著三角尺將紙板往上帶起，然後摺出一道直線。

6　順著剛剛作出的褶痕將紙板對摺，於摺好的紙板上墊上一張紙，以模具刀按壓加強褶痕。

7　於間隔7mm的位置，以相同方式作出另一道褶痕。

①-03　摺紙的祕訣

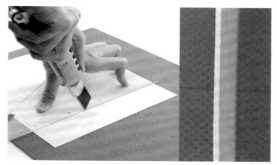

1　將紙張裁切出適合內頁（前一頁摺好的薄紙）的大小。作法是先測量好尺寸，然後以手壓著三角尺固定位置，以美工刀裁切。此時必須加強施力以確實固定好三角尺，避免走位影響裁切尺寸，特別是厚紙，因為無法一次裁切完成，需要重複多次切割。

2　以美工刀切割時，可以將美工刀盡量放平操作。如圖中的直立美工刀，會使紙張產生毛邊。

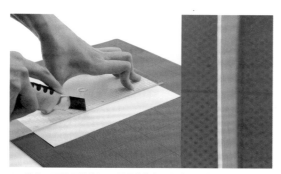

3　將美工刀放平後裁切，紙張的裁切面如右圖漂亮、平整。

4　先將前一頁摺好的薄紙兩端黏上膠帶，再將剛剛摺的厚紙板黏貼在上面。

5　完成了Turkish map摺法。

6　一打開，內層的摺頁便自動展開，一般的地圖也可以採用這種摺製方式，作出摺收式地圖。

7　將Turkish map摺法應用於白紙上，內層插入橘色紙，很適合當成搬家的介紹宣傳印刷品。

② 完美裁切多張紙 重疊摺製而成的冊子

自己製書的最大問題常在於被稱為「書口」的切口面處理。一般製書多以摺紙方式為主，但常常在摺製過程中，因為成疊的紙張容易參差不齊，進而導致成品完成度低劣，加上手邊又沒有專業的裁切機器……這時，不妨學好只憑美工刀就作出完美裁切的技巧，讓製書的裁切步驟一次到位吧！

1　一次摺疊多張紙時，可以參閱P.20方式，以摺線中央點為準分成兩段，再各別往兩端壓摺，即能完美摺製出一本冊子。

2　將重物壓於摺好的冊子上，靜置一晚，使摺好的冊子定型，方便裝訂與裁切。

3　定型後，以冊子摺疊邊為基準，找出與其呈90度（直角）的部分，開始切割。利用三角尺上的格眼，就能輕易對準直角。請勿直接從冊子本身下刀，而是先從冊子外的部分開始切割，如此才能俐落地裁切完成。

4　請加強施力於三角尺上，而非美工刀。切記不要因為想一次裁切完成，就過度施力在美工刀上。

5　重複幾次切割，將紙張完全裁切下來。將注意力放在三角尺上，不可移動它。圖中已切割三次，才將冊子裁切完成。

6　接下來再以剛剛裁好的部分為基準，同樣找出90度角的位置，裁切冊子的書口（書背的相對面部分）。

7　只要使用相同方式，手工裁切也能如以裁切機切割一樣漂亮。

③ 細微部分以「針」輔助，即能完美裁切

在製作紙張插入口等較為細部的裁切作業時，為了不破壞孔口的邊角，可以利用針來輔助開孔，以利後續切割步驟。將預定孔口部分的四個邊角以針開孔，再從此處為起點以美工刀裁切。

1　右邊設定為插入紙端的部分，所以左邊要開一個插入口。首先以鉛筆畫出一個寬約 1.5mm 的長方形。

2　拿一支大頭針將長方形四個邊角各輕戳出一個小孔。

3　刀尖端插入針孔中，開始切割作業。

4　切至最末尾部分時先停止，將美工刀尖端從下方的針孔插入後，再從反方向切割回來。

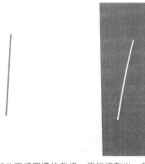

5　如此完成四邊的裁切，便能切割出一個漂亮的細長方形插入口。

6　最後以橡皮擦擦掉剛剛的鉛筆線即可。

都筑晶繪（Tsudsuki Akie）
2001年在法國初次接觸到製書工藝，大學畢業之後一邊擔任製書藝術家Veronika Schäepers的製作助手，一邊習得現代簡約風格的製書知識，並開始應用於自己的製書作品上。2007年前往瑞士Centro del bel libro Ascona，繼續進修製書技術，2008年3月於東京開設製書教室。現於世田谷製物學校與名古屋ManoMano工作室教授製書課程。http://postaldia.jugem.jp/。

以Craft ROBO製作的鏤空切割

有時候想要裁切一些不同形狀的紙型，光靠美工刀是辦不到的……雖然可以委託加工業者開版製作金屬型版，不過礙於製作數量不大，計算下來成本相當高。在此，岩岡孝太郎、平本之樹，及山本詠美三位老師將要教大家如何利用這款一般人也能買得起的機器Craft ROBO來作出細緻紙型的方法。

基本工具

小型裁切機器 Craft ROBO CC330-20 適用 A4 尺寸。長度最多可至 1m。能配合十字裁切線來操作，所以列印出來之後直接對準圖稿裁切，另有可以裁切大尺寸的機種 Craft ROBO Pro。http://craftrobo.jp/

① 以Craft ROBO裁切紙張

1　裁切一般的紙張時，必須添購Craft ROBO專用的裁切紙墊。

2　將A4尺寸（預備裁切的）紙放置（貼附）在裁切紙墊上。

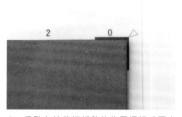

3　重點在於裁切紙墊的位置標記（圖中右上）要與A4紙剛好吻合。

4　將貼附於裁切紙墊上的A4紙放入Craft COBO中。調整好位置之後，按下ENTER鍵。

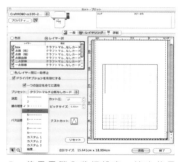

5　使用電腦作裁切設定。這次使用Illstrator，只要連接Craft ROBO，Illstrator就會出現Craft ROBO的工具選單，可自行決定裁切壓力（強度）與速度等數值。如果想要裁切出點線，在Illstrator上拉出直線（非點線而是實線）再於Craft ROBO工具選單中的「線的種類」裡，選擇喜歡的點線樣式。

6　設定完成後，按下工具選單中的「送出」鍵。此時Craft ROBO便會開始動作，依照設定裁切紙張。順便一提，附有刀片的感應頭有三種樣式，可根據紙張厚度替換不同的感應刀頭，同時調整刀片長度。

7　裁切完成之後，機器會自動停止。再按一次ENTER鍵，就能將裁切好的紙張退出。右圖中為放大裁切圖案，可以看出裁切得很漂亮。

9　將完成裁切紙張所貼附的裁切紙墊取下。這時不要直接由上撕取紙型，而是將裁切紙墊那面朝上，再將裁切紙墊撕除，才不會損毀原本的紙型，讓紙型保有完整度。

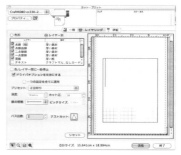

10　清除切除紙張後即完成，即使只間隔0.5mm的正方形也能切割得如此漂亮。

11　這是名為vivelle的柔軟厚紙，切割這種紙張即使選擇最長的感應刀頭，也無法一次裁切完成。

12　這種情況可以從Craft ROBO工具選單中的「二次裁切」選項中設定裁切次數即可。

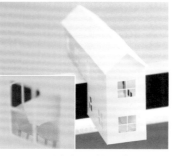

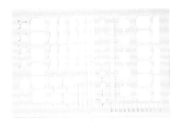

13　來自中村龍治所發想，使用Craft ROBO製作的fab midget & giant。這款房子造型的設計紙品可以與iMAC的內建攝影鏡頭結合，製造出宛如從窗外窺伺的巨人的影像效果，非常有趣！

14　如此細緻的鏤空切割，絕對是手工裁切辦不到的。這是一款以家為思考點的紙品。仔細觀察房子內，可發現到桌子、椅子等傢具也一應俱全，實在非常精巧！

15　將Craft ROBO裁切好的A4紙張拼組起來，這則是取下所需紙型後的成品，切線相當細緻俐落。

②以Craft ROBO裁切卡點西德

1　Craft ROBO也可切割卡點西德，卡點西德不須另外加上專用裁切紙墊，只要將卡點西德直接放入機器中即可設定操作。

2　Craft ROBO的工具選單中可以選擇裁切紙張的種類，這個功能主要調整切割壓力（強度），選擇最適合的裁切力道。

3　各個數值設定完畢之後，按下Craft ROBO工具選單上的「送出」鍵，機器便會開始裁切。

4　裁切完成後，撕除不需要的部分。

5　將弱黏性的透明貼膜貼附在已裁切好的卡點西德圖案上。

6　再將剛剛貼上的透明貼膜連同附著於其上的卡點西德圖案一起撕起。

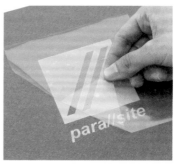

7　在預定位置貼上附有卡點西德圖案的透明貼膜，按壓牢固後，將透明貼膜撕掉，卡點西德圖案便會完整地黏合。

③ 自製裁切紙墊

1　市售的裁切紙墊雖然能重複使用，不過價格昂貴。如果想要省錢，也可嘗試自行製作足以應付各種裁切方式的萬用裁切紙墊。而要注意的是，自製裁切墊紙有可能造成機器損害，此時就只能自行負責了。所需材料是膠膜（masking film，Toricon masking SP film No.104 低黏性）、寬版雙面膠帶（Muse 雙面膠帶 W face 寬250mm）、厚紙。

2　將一般厚度的厚紙（尺寸788×1091mm，重180g左右）裁切成343×220mm。

3　在厚紙上畫出等同紙墊大小的標記線，將厚紙橫放，上方留白5mm，右邊則留19.5mm的寬度。

4　將雙面膠帶切割出適當大小（比紙墊略大），再將紙墊貼於雙面膠帶上。

5　將超出紙墊尺寸範圍的多餘雙面膠帶切除。

6　裁切一片尺寸略大於紙墊的低黏性透明膠膜。

7　撕除剛剛貼於紙墊上的雙面膠帶背紙，然後將膠帶背紙貼附在透明膠膜上。

8　將貼附雙面膠帶背紙的透明膠膜翻面。

9　將膠膜撕起一半，再以長尺輔助排出空氣，重新緊密貼合透明膠膜，左半邊也以進行相同步驟。

10　將剛剛作好的紙墊對準膠膜上的膠帶背紙範圍後，黏貼在一起。

11　切除多餘的透明膠膜。

12　完成。撕除膠帶背紙，將欲裁切的紙張對準紙墊的標記線後，貼於紙墊上，最後放入Craft ROBO進行裁切作業。

岩岡孝太郎（いわおか・こうたろう）※左

1984年出生於東京都。Project Architect/loftwork、東京藝術大學藝術情報中心的兼任講師。曾參與FabLab Japan創立的成員，負責對象為小學生的綜合勞作教育工作。目前正準備開設一家結合以手作為基礎的網站服務、工作坊、Cafe功能的複合式休閒店鋪FabLab「FABCafe」。

平本知樹（ひらもと・ともき）※右

1987年出生於兵庫縣。以FabLab Japan成員身分參與活動，同時也正為經營一個以「每個人都會使用的工廠」為概念，具備齊全的3D印刷與裁切等相關工作器材的工廠「para///site」而努力中，2012年秋天在東京開幕。http//para-site.jp

山本詠美（やまもと・えみ）※前

1983年出生於高知縣。多摩美術大學資訊設計學院資訊藝術課程助手。因為FabLab Japan的活動而認識平本知樹，現正共同為即將開幕的店「para///site」努力中，創作的作品擷取了電子工藝與手工藝元素，多以動物為主題。

實踐篇

I

印刷

01

簡便式絹印

省去複雜的感光步驟，只要以簡單的製版方式將描繪好的線條直接製版，你也能輕鬆作出便宜又正統的絹網印刷。市面上販售的墨水種類相當多，再搭配不同的媒材作變化，更增添印刷品的可能性。

工具 & 材料

絹印工具組（→ P.138）、紙膠帶、鉛筆（H）、拭油布（碎布）、報紙、吹風機、墨水、抹刀（或湯匙）、紙。

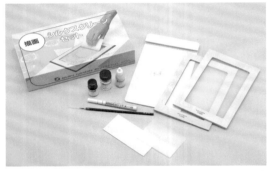

1　這是市售的絹印工具組（→P.138）。內容包含了繪絹用的顏料、乳劑、刷台、刮板、筆等簡便式絹印所需的工具，也可以個別買齊。

2　準備草圖與絹網、紙膠帶、鉛筆。

3　將絹網蓋在草圖上面，以紙膠帶固定，再照著草圖線條複製描繪至絹網上。

4　描繪完成後，取下草圖。

5 在絹框下面墊上厚度約5mm的物品（或免洗筷），使絹網稍微懸空，然後以繪絹用顏料（筆型）塗繪鉛筆草圖，細部處可以面相筆沾些許液狀顏料塗繪，效果較好。

6 確認絹網圖案是否完全塗滿顏料，再以吹風機吹乾，如果該上顏料的地方沒有充分覆蓋，製作出來的圖版會不夠漂亮，所以請於光線下仔細檢查整個絹版。

7 將絹版翻面，並於一邊的絹框上擠出乳劑，大約是能塗滿整個絹版的量。

8 使用工具組附上的紙製刮板，以60度的角度將乳劑由上慢慢地往下刮，須一次均勻地塗布於絹版上。

9 以面紙擦去絹框部分的乳劑。

10 以吹風機吹乾絹網上的乳劑。

11　待乳劑乾了之後，在絹版下墊2至3張報紙，將絹版翻至背面放好，以筆或海綿從圖案表面開始，充分塗上清潔油。

12　靜待20至30秒後再以沾上清潔油的筆輕輕塗擦，直到圖案上的顏料被清潔油洗掉。

13　再將絹版翻到正面，以含有清潔油的拭油布將顏料的皮膜擦拭乾淨，並檢查圖案以外的孔洞是否完全封住，如有遺漏再補塗乳劑。

14　絹版完成之後，於絹框與絹網之間貼上紙膠帶作為隔離，正反兩面都貼的話，效果較好。

15　完成製版作業。

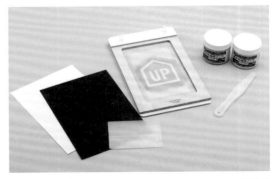

16　接下來，開始使用製作完成的絹版來印製作品，此時請準備印刷顏料、刮板、紙等材料，將絹版置於工具組附的刷台上（以附贈的夾子固定）。

17　在絹版與刷台之間放上想要印刷的媒材（此處是紙），然後在絹網圖案上方塗上印刷顏料。此次絹網是180細目，故使用專用銀色顏料。

18　以刮板將印刷顏料由上緩慢往下施力刮勻。

19　完成後，慢慢地把絹框由下方往上拿起，回流的顏料可以刮板往回抹勻後放置於絹版的上方。

20　由於印刷顏料各有對應的絹網目數，所以在決定顏料的顏色時，一定要確認絹網網目的大小，選擇最適合的顏色，並試著搭配各式媒材印印看。

02

發泡圖案的絹印

這種使用發泡顏料來印製作品的絹印，因為顏料本身的特性，經過熨斗熨燙之後，顏料會膨脹形成半立體狀，適合用於想表現立體文字或圖案的設計；熨燙加工是在印刷圖案的背面，讓圖案吸收熨斗的蒸氣，布料是最適合這種印刷方式的媒材。

工具 & 材料

發泡顏料、絹版、刮刀、抹刀（湯匙亦可）、熨斗、吹風機、瓦楞紙等厚紙板、布、T-Shirt、紙。

1　顏料是T恤專用的水性發泡顏料（→P.138），絹版則是向絹印的專業公司sankou特別訂製的（→P.138）

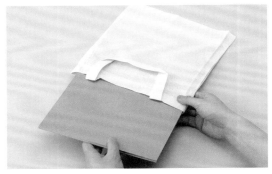

2　這次要在布製購物袋上印製圖案，為防止印刷部分不平整而產生皺褶，可於袋子內部加上一塊瓦楞紙板來定型。

3　將購物袋平整放好，並將絹版放置在購物袋上，決定好圖案印刷的位置後，先塗上少許顏料。

4　為了使發泡顏料能夠充分膨脹，必須厚塗一層顏料，這點在事前訂製絹版時，也要告知絹版廠，在此選擇粗網目（60線）的絹版，才足以對應厚塗的顏料。

5 將顏料確實刮抹均勻後,慢慢地將絹版往上拿起,此時回流的顏料再以刮板往回抹勻後放置於絹版上方。

6 以吹風機吹乾至顏料不沾手的程度。

7 將購物袋內的瓦楞紙板取出,印刷面朝下放置於毛巾上。

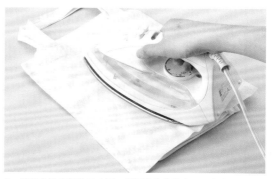

8 將熨斗溫度調整至中溫,熨燙購物袋的背面,此時不要過度壓燙購物袋,以免圖案膨脹不全。

9 完成。遠看時便可以看出圖案有著膨膨的立體感。

10 雖然少了印在布料上的那種凹凸感,但紙張也能以這種發泡顏料來印刷,只是在熨燙時,要注意不要因為水蒸氣而使紙張變形。

03

夜光圖案的絹印

這種使用夜光顏料來印製作品的絹印，因為顏料本身的特性，將印製好的圖案放在太陽光或日光燈下吸收光能以後，再移到暗處就會發出亮光，原本在明亮處毫不顯眼的文字或圖案，一旦到了黑暗中便會現形。

工具 & 材料

夜光顏料、絹版、刮板、抹刀（或湯匙亦可）、紙。

1　顏料是T恤專用的夜光顏料（→P.138）。絹版可以參考第32頁的方式自行製作，如果是向絹印的專業公司sankou特別訂製的話（→P.138），可以作出最符合設計的尺寸。

2　為了使夜光顏料之後能夠具有絕佳的發光效果，顏料必須厚塗，這點在事前訂製絹版時，也要告知絹版廠，選擇粗網目（60線）的絹版，才足以對應厚塗的顏料。

3　嘗試個別印製在黑紙與白紙上，在明亮處時是這個樣子，白紙上的圖案幾乎看不見。

4　這是步驟3關燈後的呈現，夜光顏料的發光效果很棒，特別是右邊的白紙，發光效果非常強烈，如果是使用深色紙張，建議可以先刷上一層白色顏料後再上夜光顏料，這樣一來深色紙張的發光效果也會更好。

04

應用粉質媒材的絹印

事先在絹版上塗刷一層厚厚的樹脂膠,然後撒上綠色粉末或亮粉、香料粉,使其附著的方式,能夠替絹印帶來更多變化。只要樹脂膠可以黏著的物品皆能拿來應用,所以不妨大膽嘗試各種粉質媒材吧!

工具 & 材料

木工用樹脂膠、絹版、刮板、吹風機、筆、
模型用綠色粉末或沙粉、紙。

1　這裡的黏膠是選用易乾且乾後透明的水性木工用樹脂膠,絹版是向專業絹版廠Sankou(→P.138)特別訂製。

2　將絹版放置於紙上,將樹脂膠大量擠在絹網上。

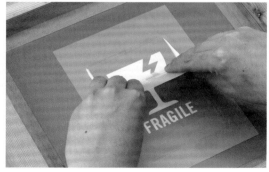

3　此印刷方式最重要在於塗刷一層厚厚的樹脂膠,如果樹脂膠不夠厚,事後撒上粉末會變得斑駁不勻,這樣一來便達不到原本預定的效果,而絹版在訂製時也必須將這點告知絹版廠,選擇能對應厚塗顏料的版。

4　確實上完一層樹脂膠之後,緩慢地由下方拿起絹版,將下半部多餘的膠往回刮勻,刮板放置於絹版上方。

5　撒上綠色粉末於已刷上樹脂膠的紙上。

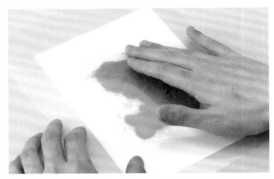

6　粉末覆蓋整個圖案後，於紙上覆蓋一張不會沾黏樹脂膠的膠片（可以透明文件夾替代）並以手輕輕按壓，請注意若過度按壓可能造成樹脂膠溢出。

7　將沒有被樹脂膠黏附的多餘粉末抖落乾淨。

8　以吹風機吹乾樹脂膠。

9　待樹脂膠乾透，再將紙於桌子上輕敲，使表面殘餘粉末抖落後，以柔軟的筆刷作最後的清理即完成。

10　圖中為綠色粉末與紫色粉末的完成品，也可以嘗試亮粉與香料粉，看看作出來的效果如何。

亮粉：金色　　　　　　　　　　　　　　　　　　　　　　咖哩粉

亮粉：銀色　　　　　　　　　　　　　　　　　　　　　　辣椒粉

亮粉：黑色　　　　　　　　　　　　　　　　　　　　　　麵粉

05

應用於照片上的玻璃珠絹印

玻璃珠絹印是事先在絹版上塗刷一層厚厚的樹脂膠，然後撒上
玻璃珠使其附著的方式。玻璃珠能夠突顯照片的立體感，只要
適度應用於欲加強處，就能使印刷品更加有趣。

工具 & 材料

木工用樹脂膠、絹版、刮板、吹風機、筆、玻璃珠、
列印的照片或圖案。

1　為了使這張皇冠的列印圖片宛如照片般精細，將以玻璃珠加工
來突顯寶石部分，黏著劑選擇木工用樹脂膠，絹版是向專業絹版
廠Sankou（→P.138）特別訂製。

2　將列印的照片與絹框對準位置後合在一起。

3　將絹版放置於紙上，將樹脂膠如顏料般大量擠於絹網上，由
於玻璃珠顆粒較大，所以樹脂膠的量必須夠多，才能牢固地黏附
玻璃珠。

4　確實將樹脂膠刷勻，而絹版在訂製時也必須事先告知絹版廠，
選擇能對應厚塗顏料的版。

5　可以看出刷上樹脂膠的部分，有著一層厚厚的白色塗層。

6　將玻璃珠撒至刷有樹脂膠處，這裡選用的是鑽光玻璃珠，由於玻璃珠形狀不一，所以正適合演繹出表面不平整，隨著光線折射的寶石感。

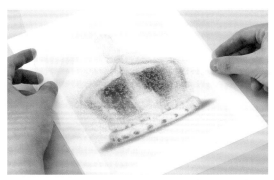

7　將玻璃珠撒滿圖案後，取一張不會沾黏樹脂膠的膠片（可以透明文件夾替代）覆蓋圖案。

8　全面一次地平均輕壓附著玻璃珠的部分（請勿重複按壓），不要遺漏任何一處，請注意若過度按壓會使樹脂膠溢出。

9　靜待一段時間至樹脂膠乾透，拿掉膠片並抖落多餘的玻璃珠。

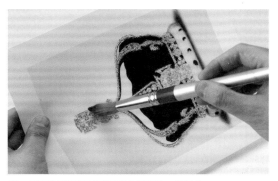

10　以筆刷仔細清理細部多餘的玻璃珠，即完成。

鑽光玻璃珠

亮粉：白色

亮粉：極光色

06

製作沾水式膠帶

常用於封貼帆布的「沾水式膠帶」是一種背面有黏膠，只要沾點水就能產生黏性，類似郵票自黏方式的紙膠帶，以印章在這類紙膠帶上蓋印原創圖案，你也能夠作出專屬於自己的沾水式膠帶。

工具 & 材料

沾水式膠帶（工藝用．另有白色與深綠色）、木刻印章、印台。

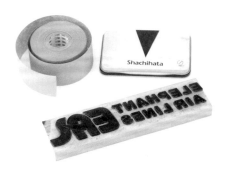

1　沾水式膠帶（工藝用．另有白色與深綠色）、木刻印章、印台。

2　將膠帶拉開，以印章在膠帶表面蓋印圖案。

3　由於蓋印完成後，印泥尚未乾透，所以先不要急著捲收膠帶，可以曬衣夾固定拉開的膠帶，印泥會比較容易乾。

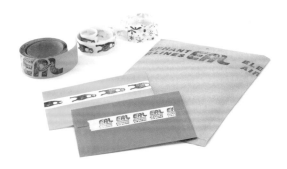

4　待印泥乾透，即完成。剪下適當長度，將背面沾上些許水，便能黏貼在想貼的地方。

07

Virko風格的繽紛浮雕印刷

質感光滑，顏色繽紛的Virko印刷，是美國Virko公司研發的一
種印刷方式，這種印刷是在印刷圖案上塗上一層Virko粉，再
加熱融化成形，在此可以利用日本浮雕粉（Tsukineko），撒
於蓋印好的圖案上，加熱之後即完成Virko風格的浮雕印刷。

工具 & 材料

印章、印台、紙、日本浮雕粉（→ P.138）（或台灣凸粉）、浮雕筆（
→ P138）、烤麵包機。

1　準備印章、印台、紙、浮雕粉（或台灣凸粉）、浮雕筆、烤
麵包機。

2　將設計好的圖案製作成印章（請參閱P.48），選擇喜歡的印
台顏色，蓋印於紙上。

3　趁印泥尚未乾透，撒上浮雕粉於圖案部分，大範圍撒遍後，
再將多餘部分清除。

4　如果還有殘留粉末，可以筆刷清除乾淨。

5　將已附著浮雕粉的紙放入烤麵包機加熱，讓浮雕粉融化，烤麵包機溫度設定為中溫的話，大約10秒鐘，請小心不要讓紙烤焦。

6　因熱融化後的浮雕粉馬上凝固定型之後即完成。可利用不同顏色的印台，作出繽紛的浮雕印刷，或選擇不同顏色的浮雕粉，來作各種變化。

7　如果是使用浮雕筆，可直接手寫或繪製圖案作出印刷效果，圖中以英文字母型版來描繪。

8　與剛剛印章作法相同，將浮雕筆繪製的文字圖案放入烤麵包機裡加熱，便完成漂亮繽紛的浮雕印刷。

9　順便拿一般的水性彩色筆描繪試看看。

10　彩色筆墨水立即變乾，以致於無法撒上浮雕粉，結果變成帶點斑駁感的印刷效果。

08

以透明印泥印製透光圖案

常常可以在標籤牌或便條紙上看到「透光」印刷的設計。實際上這種印刷是將紙張加工製成，成本相當高，在此將挑戰自製的「透光」風格印刷，只要利用這款名為VersaMark的無色印泥（Tsukineko），就能輕鬆完成。

工具 & 材料
樹脂版製成的印章、VersaMark 無色印泥（→ P.138）、紙。

1　以樹脂版製成的印章、VersaMark無色印泥（→P.138）、紙。

2　先將設計圖案製作成印章。一般而言都是委託刻印工廠訂製，不過如果請凸版製版公司真映社（→P.139）製作，印章版面的材質可選擇較為柔軟的樹脂版，再搭配木製印章台，以便宜的價格就能作出符合需求的印章。

3　先將樹脂版面的木頭印章沾上VersaMark的無色印泥，壓印在紙上預定透光的位置。

4　圖中是便條紙下方壓印透光logo圖案的樣子。選用的紙張不可太厚，才能印出漂亮的透光效果。

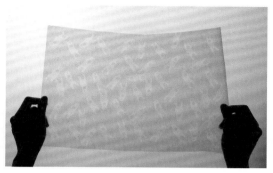

5　再以其他款印章，沾取VersaMark無色印泥，印於包裝用的薄紙上（類似牛皮紙），即能輕鬆完成帶著透光感的包裝紙。

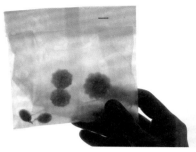

6　將製成包裝袋拿到光線下觀看，可以看出圖案的透光感。

7　再拿有色紙，蓋印上VersaMark無色印泥試看看。

8　完成後，蓋印上無色印泥的部分顏色比紙張略深，這樣的嘗試倒也相當有趣。

9　作為包裝紙使用，用於包裝禮物，不須特別裝飾仍能呈現出華麗的感覺。

09

以感熱紙&透明印泥的反白印刷

印刷——就是以墨水為載體將顏色附著於紙上。這裡要利用感
熱紙與油性透明印台反其道而行，當印泥印在加熱會變黑的感
熱紙上時，印製的圖案會反白並帶著透光感。此印刷方法只需
準備活字印章、木刻印章、活版或燙金用凸版印製工具即能輕
鬆完成。

工具 & 材料

感熱紙、VersaMark 無色印泥（→ P.138）、活字印章或木刻印章。

1　材料工具是傳真用感熱
紙與 VersaMark 無色印泥。
VersaMark 無色印泥印在薄紙上
能展現透光感，印於有色紙上則能
呈現深淺色的層次變化（請參閱
P.48）。

2　將感熱紙裁切成適當大小，放
入護貝機加熱，白色感熱紙會變成
黑色，剛開始先以低溫來加熱，顏
色變化不夠時，提高溫度再加熱一
次；也可以使用熨斗，但仍建議護
貝機較佳。

3　以連續多次輕觸印台的方式，將活字或木刻印章沾上VersaMark無色印泥，印泥沾取不均勻也沒關係，再蓋印於黑色感熱紙上。

4　蓋印於感熱紙上，印完當下的顏色並沒有什麼變化，但是等待一分鐘後，即可見真章。

5　白色圖案漸漸變得清晰，蓋印的部分會隨著時間過去滲透浮現，感覺相當有趣。接著再以活字印章蓋印在圖案上方。

6　感熱紙屬於薄紙，因此作為包裝紙。除了活字印章之外，也可以嘗試用活版或燙金用凸版來印製，感熱紙的保色度不佳，印在上面的印泥顏色會漸漸消失，建議盡量避免需長期使用的用途。

10

碳粉轉印

只要利用雷射印表機或是碳粉影印機，厚實的瓦楞紙板及已經定型的紙盒等也能透過列印出來的轉印紙，將設計圖案轉印在上面，優點是不管是彩色還是黑白都能轉印。

工具 & 材料

左右相反的圖案影印稿（或雷射印表機列印稿）、去光水、欲轉印的紙盒或紙板。

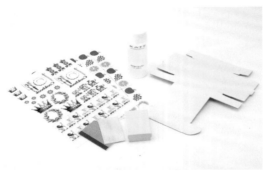

1　準備左右相反的圖案影印稿（或雷射印表機列印稿）、去光水、欲轉印的紙盒或紙板等工具與材料。

2　事先將轉印圖案左右（鏡像）翻轉，再以碳粉影印機或雷射印表機印製成紙稿，不論哪一種方式列印出來的圖稿，裁切時圖案周圍皆要留白。

3　確定好轉印的位置，將轉印紙正面圖案朝下覆蓋在盒子上，先以膠帶暫時固定位置，但膠帶不能貼到轉印圖案的範圍。

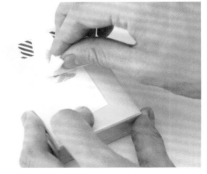

4　以沾取去光水的濕面紙按壓於轉印紙上。

5 直至整張轉印紙變濕潤即可。

6 以原子筆筆尾輕畫轉印圖案部分,使其轉印於紙盒上,此時如果轉印紙上的去光水已乾,可再次補上些許去光水來濕潤轉印紙。

7 撕除轉印紙。當去光水已經乾透,轉印紙會貼合在紙盒上,所以去光水沾濕轉印紙後,必須快速完成轉印步驟,假使轉印紙已完全貼附在盒子上,不妨以少許水濕潤轉印紙即能撕除。

8 除了紙盒,瓦楞紙箱、木頭皆可轉印,甚連照片中這種圓弧面的木頭鈕釦也沒問題。只要使用彩色雷射印表機,即可作出彩色轉印紙。

11

於卡片的切口面著色

於卡片四個裁切面（切口）著色的加工方法，由於數量不多，
自己上色方便又輕鬆，簡簡單單就能改變印刷品的印象，若使
用具厚度的紙張會更有效果喔！

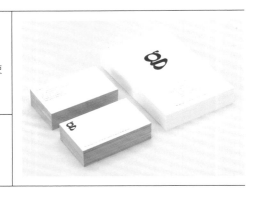

工具 & 材料

名片或卡片、明信片（欲著色的紙）、螢光筆、印台。

1　準備要著色的名片或卡片、明信片，先以螢光筆塗色。

2　拿一張卡片，以螢光筆尖由上往下一筆完成上色，有時會因為
紙張特性而有滲染的現象，此時可多嘗試幾次。

3　假使著色沒有一筆完成，就如圖中的情況一樣，螢光筆墨水
會滲染到正面，請特別注意。

4　完成品。

5　接著是以印台著色，將名片或卡片成疊拿在手上，整理欲著色的切口面，使其平整。

6　以印台輕碰平整的切口面，進行著色。

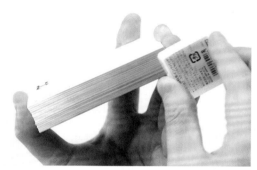

7　來回重複幾次，使顏色更為均勻。

8　著色完成，效果非常好，其他切口面依相同方法完成。

12

於書口或紙張裁切面印上圖案

若想在書的書口（切口面）印製花紋，一般量產時多是採用這種名為「PAD印刷」的特殊印刷方式，但製作數量少的時候，該怎麼辦？此時不妨利用各式小型印章蓋印在書口上，自己也能完成書口印刷。

工具 & 材料

已裝訂製書的書冊、印章、印台。

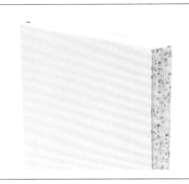

1　準備已裝訂製書的書冊、印章、印台。

2　將已裝訂製書的書冊書口（切口面）疊合朝上，兩端以夾子夾住，固定書口面的紙。

3　以印章蓋印在書口面上，這裡選用小型印章，重複幾次蓋印的效果會比較好，也可以將多本書冊以夾子固定，一次蓋印。

4　選取金色印台，在書口印上隨意分布的圓點圖案。

5　再使用同款印章，但換上其他顏色的印台，再蓋印一次。

6　蓋印完成後，放置數分鐘待印泥乾透。

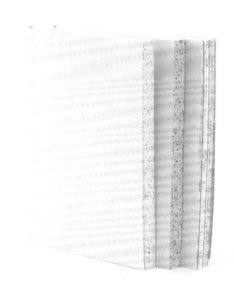

7　完成。書口部分變得繽紛多彩，非常可愛。

8　變換印章顏色，改以雪花圖案的印章，又或以P.54介紹的印台著色方式，將整個書口上色，再印上圓點圖案，這樣的變化印法也很棒。（圖中左起第二本）

13

以軟式樹脂版製作滾筒式印章

滾筒式印章可用來壓印圖案於大面積或紙箱類的立體物品上。
只要委託製版廠製作這種具有「柔軟度」的樹脂版,再加上版
畫用的滾筒,就可完成原創的滾筒式印章。

工具 & 材料
軟式樹脂版(→ P.139)、版畫用滾筒、雙面膠帶。

1　準備軟式樹脂版與版畫用滾筒。樹脂版是製版廠(真映社)訂製(→P.139),向製版廠訂製時,請記得註明是輪轉印刷機用的「軟式樹脂版」即可。

2　不同於一般樹脂版多是以偏硬的塑料製成,這種如橡膠具有彈性的軟式樹脂版,可以隨意彎摺。

3　在軟式樹脂版的背面貼上雙面膠帶,用來黏貼於滾筒上,雙面膠帶部分,不妨選擇好貼好撕的款式,撕除的時候較好清理,滾筒也較不易損傷。

4　將樹脂版多餘的部分剪掉,因為材質類似橡膠,所以直接以剪刀裁剪即可。

5　對準滾筒位置，然後撕開樹脂版背面的雙面膠帶背紙，仔細地將樹脂版斜貼於滾筒上。

6　完美地黏貼一圈後，原創的滾筒式印章就完成了，精準地測量出滾筒直徑，並配合其尺寸作設計，便能印製出連續的圖紋。

7　一邊慢慢地滾動滾筒式印章，一邊注意印章是否全面均勻沾取印泥，如果圖案留白的地方比較多，可以以面紙輕輕拭去留白部分的印泥。

8　於紙上緩慢直線地滾動滾筒式印章，操作時必須一次壓印到底。

9　印製完成。這次示範圖案中的斜線部分，特別配合了滾筒直徑，讓壓印的圖案能夠接續不斷。

14

以陽光曝曬樹脂版完成製版

樹脂版也能用來製作印刷活版或印章。在此介紹自製樹脂活版
與印章的方法，材料備齊之後，只要靠著簡單的工具便能輕鬆
作出手刻的樹脂版，由於這個方法採用日照感光製版，所以有
可能因天氣影響而失敗，在看老天爺臉色的同時，不妨抱持理
科實驗精神，挑戰一下吧！

工具 & 材料

紫外線感光硬化的樹脂版（→ P.139）、負片（→ P.139）、針或去除
墨水管的原子筆、玻璃板、夾子、牙刷。

1 　紫外線感光硬化的樹脂版與負片，這兩項材料皆購自於製版
廠（真映社）（→P.139）。尚未使用的樹脂版請盡量避免光線
照射，另需準備末端尖銳的金屬模具刀作為描繪工具。

2 　在負片的黑色膜面上以刮除方式畫出圖案，除了使用金屬模
具刀，也可以針或去除墨水管的原子筆代替，如果難以分辨該畫
在哪一面，可先於負片邊緣試刮黑色膜面來確認，之後再開始操
作。

3 　圖案完成。負片刮除的地方會變成樹脂版的凸出部分，不擅
於繪畫的人，建議請輸出中心翻轉圖案後，再以負片輸出。

4 　撕除紫外線感光硬化的樹枝版上的保護膜，對準負片圖案以
後，將兩者重疊在一起，因為圖案與印章凸版一樣為鏡像翻轉，
所以要注意圖案的方向性。

5 在重疊的樹脂版與負片外加上玻璃板,以夾子夾住固定,如果沒有玻璃板,可以紙膠帶固定,總之重點在於使樹脂版與負片能夠緊密貼合。

6 重疊貼合之後拿到陽光下曝曬,讓樹脂版與負片感光。晴天約30分鐘至一小時,陰天則需更長的時間。

7 以水清洗感光完成的樹脂版,因為多餘的部分會逐漸溶出,所以必須再以牙刷仔細地輕刷乾淨,刷完後以中性清潔劑洗去黏滑感。

8 將不要的部分清洗乾淨之後待乾,即完成。製版完成的樹脂版圖案會比負片上所畫的原圖略為膨脹。

9 以木片或壓克力方塊作為底台,將樹脂版作成印章,也可以直接當作活版印刷版使用。

15

製作活字組合印章

多數人都不知道如何善用這些委託活字刻印店製作或活版相關
活動中購得的活字組合印章？在此以簡單的活字變化組合，及
利用黑色長尾夾固定，作出簡易版印章的方法。

工具 & 材料

活字印章（→ P.139）、黑色長尾夾、紙膠帶、紙。

1　準備活字印章、黑色長尾夾、紙膠帶、紙等材料工具。

2　在小木箱一端的底部放置一個具有高度的物品，使小木箱略
微斜立起來，接著將活字印章並排在木箱裡，斜立的木箱會使操
作更加順手。

3　將活字印章並排在一起，即使是製作多排的活字印章，也要
一排一排逐步排列。

4　以紙膠帶固定並排活字印章的側面。

5 紙膠帶必須確實貼附在活字印章上，然後從木箱中取出。

6 從木箱中取出之後，紙膠帶黏貼面朝下放置。

7 將紙膠帶纏繞活字印章用以固定，為使膠帶厚度一致，先沿著活字印章的一邊切除多餘的紙膠帶。

8 繼續將紙膠帶纏繞活字印章兩圈後，沿著印章邊緣裁切掉膠帶，如此一來，每個面的紙膠帶厚度就會一致。

9 文字列的活字印章也是以相同的方式，以紙膠帶固定。

10 如果黑色長尾夾的尺寸大於活字印章高度時，可於長尾夾底部放入厚紙板墊高。

11 將步驟9的活字方塊組合在一起，如果直接組合會缺少行距，所以必須於文字方塊間各夾入適當厚度的厚紙板。

12 以黑色長尾夾固定活字方塊與夾入的行距用厚紙。

13 必須將活字方塊確實推到底。

14 壓印時，請將紙張放於印墊上，活字印章沾取印泥後壓印。

15 這次是當作藏書章，以四行活字印章（上下各為花紋活字）蓋印在薄紙上，再貼於書本最後一頁。

實踐篇

II

加工

01

以縫紉機製作透明資料夾

以縫紉機縫製組合紙與塑膠等相異媒材，可以展現一種若有似無的新鮮感，這次就來嘗試製作能收納文件的透明檔案夾吧！

工具 & 材料

縫紉機、線、紙、PP 透明膠片、轉印筆或凹版雕刻刀、尺、迴紋針、黏著劑。

1　由於考慮到收納文件用紙的尺寸並預留縫份，因此所準備的紙與PP透明膠片的尺寸要略大文件用紙，PP透明膠片的厚度即以市售資料夾來選擇，請特別注意如果資料夾太厚，縫製過程中有可能使車針斷裂。

2　將PP透明膠片依照市售的資料夾樣式剪出缺口，以方便後續使用，特別是右下角的缺口，可以保護因為施力集中而導致破損的部分，多了這個細節還能提升完成度，若是直接裁切市售資料夾也是不錯的方法。

3　當作底墊的厚紙兩邊（左方與下方）預留5mm寬度，作為縫製位置，並以轉印筆輕畫出標記線；也可以鉛筆畫線，不過因為縫製後無法擦掉鉛筆痕，所以下筆畫線時要輕。

4　為了防止PP透明膠片走位，將膠片與步驟3中的紙張對齊重疊後，以迴紋針固定。

5　以縫紉機沿著步驟3所畫的標記線將PP透明膠片與紙縫製在一起，縫製前，不妨先練習車縫幾次。

6　縫製完成後，拿尖銳的鑽洞工具沾取些許黏著劑，補強最後的縫線結，以防止脫線。

7　以圓角剪刀修剪PP透明膠片的邊角，使其變成圓角形，這步驟可以預防之後使用時發生摺損的情形。

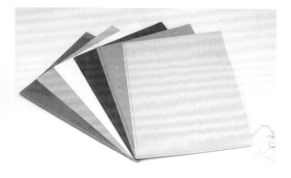

8　完成品。如果紙張改以蠟紙來製作還能防水，所以不妨多多嘗試不同的紙張吧！

02

以縫紉機封緘（One Touch開封）

不以黏著劑或貼紙，而改以車縫線來封緘，不僅車縫線具有裝
飾效果，只是縫製便能使印刷品有著極高的完成度。

工具 & 材料

縫紉機、線、信封或平面信封袋、放入信封袋的內容物。

1　準備平面信封袋、預備放入的內容物。

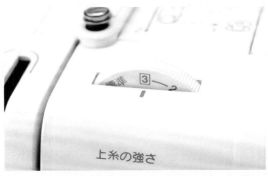

2　調整縫紉機的上線強度，由於縫紉機款式不同，調整幅度會
有所差異，所以請自行試縫確認。

3　將內容物放入平面信封袋，然後以縫紉機車縫封緘。

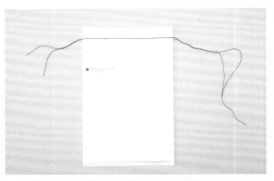

4　完成品。正反面皆貼上貼紙裝飾，加強完整度。

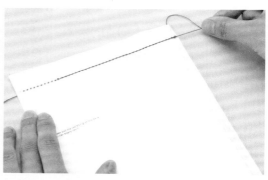

5　左圖是車縫線的正面，右圖則是車縫線背面，可以看清楚車縫線附著的狀態。

6　開封時，先拉住背面的線（下線）。

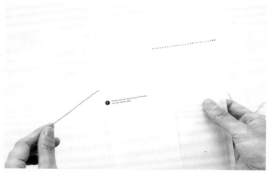

7　圖為背面車縫線（下線）被拉除的樣子，只要一拉，車縫線便會輕易脫落。

8　拉除正面殘留的線（上線），即可開啟信封袋。

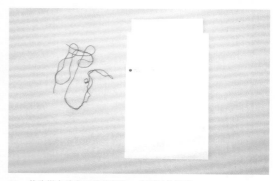

9　開封方式從縫線位置就顯而易見，因此收到的人都能輕鬆開啟信封袋。

10　若改變上線與下線的顏色，會更易於辨識。

03

以縫紉機封緘（附標籤紙）

將文字列印在深色紙或袋子上，會使人不容易看清楚文字。可將商標logo或資訊印於標籤紙，再以縫紉機車縫固定，同時作為封緘。這次是將兩張紙車縫四邊後製成的創意信封。依照內容物的尺寸，嘗試製作不同大小的信封也相當有趣。

工具 & 材料

縫紉機、線、作信封的用紙（兩張一組）、標籤紙、迴紋針。

1　準備作信封的用紙、標籤紙、內容物。

2　首先以縫紉機車縫非標籤紙位置的兩邊。

3　將標籤紙放於信封紙一邊預定的位置，仔細車縫固定，由於此部分的紙張較有厚度，所以事先必須確認車針是否能承受這樣的厚度。

4　最後將內容物放入信封中，再車縫封緘即完成，標籤紙發揮了裝飾作用，使深色信封不再單調，同時也可用於禮物包裝。

04

以護貝機製作加壓護貝式郵簡

為了保護資料或訊息隱私，一般多以這種加壓護貝式郵簡，只
要使用護貝專用膠片，就能將喜歡的紙張加壓護貝製成郵簡，
因為郵簡無法直接看見內容，所以不妨嘗試作些能使收信人開
啟時，感到驚喜的設計吧！

工具 & 材料

加壓護貝膠片（→ P.139）、護貝機、紙。

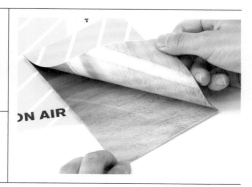

1　準備加壓護貝膠片與護貝機，以及對摺展開尺寸的印刷紙，本
次示範的是製作印有晴空圖案的DM。

2　將印刷好的紙對摺，在中間插入一張加壓護貝膠片，加壓護貝
膠片本身非常薄，容易因靜電而多張黏在一起，使用時請注意，
為避免加壓護貝膠片跑出印刷紙外，請將膠片放在正中央位置。

3　插入加壓護貝膠片之後對摺印刷紙，接著放入護貝機護貝，
如果紙張較厚，可提高護貝機溫度。

4　護貝機加壓後即完成。一打開，加壓護貝膠片就會分離，露
出內側的圖案。

05

以護貝機加工

辦公事務的護貝機，除了能夠在紙張表面加上保護膜之外，還能透過使用方式或印刷品內容的變化，展現趣味，還可以變換媒材或版面設計，同時亦可改以全息攝影膠片取代一般的護貝膠片。

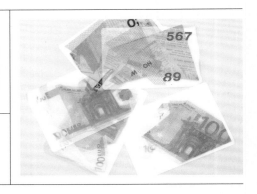

工具 & 材料

護貝膠片（→ P.139）、護貝機、紙。

1　備齊要夾在護貝膠片中的媒材，這次是選擇用包裝紙與隨意裁切的網點紙所拼貼製成的卡片。

2　將所有媒材裁剪成適合護貝膠片的大小，然後排列配置，由於護貝機預熱需要一點時間，所以可以一邊準備材料一邊等待預熱。

3　媒材排列配置完成，如果過度重疊媒材，可能會使空氣跑入與護貝膠片間的間隙，造成不平整的情形，操作時請特別注意。

4　放入預熱完畢的護貝機裡，為防止空氣殘留並產生皺褶，必須由膠片開口處這端開始護貝。

5 護貝完成後等待冷卻即完成。夾入的網點紙部分變成背景透明的圓點花樣。

6 除了一般的護貝膠片之外,也可使用全像攝影膠片,作法與一般護貝膠片相同。

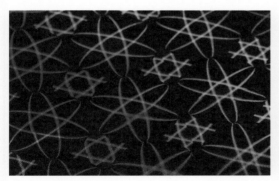

7-1 全像攝影膠片:花形

7-2 全像攝影膠片:菱形與方形

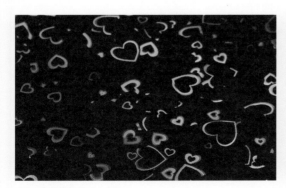

7-3 全像攝影膠片:心形

7-4 全像攝影膠片:星形
※ 「全像攝影護貝膠片」(株式會社Fujitex販促Express
→P.139)

06

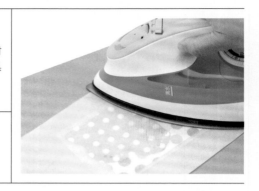

以熨斗護貝

護貝機是靠熱能使膠片產生黏著性，加上滾筒加壓讓中層媒材與膠片得以密合在一起，如果手邊沒有專業護貝機，可以用具有類似功能的家用熨斗替代，此單元將介紹操作祕訣。

工具 & 材料

護貝膠片（→ P.139）、熨斗、料理耐熱墊、紙。

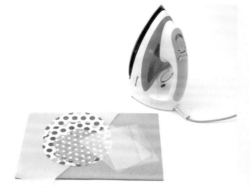

1　不使用護貝機，改以熨斗加工，所需媒材與護貝機加工步驟一樣，放入護貝膠片裡，並在料理耐熱墊上操作後續的熱壓步驟。

2　將想要護貝的媒材放入護貝膠片中，截至目前為止，步驟都與使用護貝機時相同。

3　以熨斗代替原本的護貝機，但熨斗如果直接接觸護貝膠片，會使膠片表面受熱變形，所以請在膠片上墊上一層描圖紙，底下則是料理耐熱墊。

4　以熨斗加壓熨燙整張紙，如果一下子便使用高溫熨燙，會讓護貝膠片歪斜變形，因此建議從低溫開始，視加工情況慢慢增加熨燙的溫度。

5　護貝效果非常棒！因為一張所需的加工時間比使用護貝機還要多，所以並不適合製作數量大的印刷品，製作數量少的時候可以嘗試這個方法。

07

以護貝機製作重點護貝

一般常見在印刷品上以油光漆凸顯重點設計的作法，現在也能改以護貝膠片來達成類似的效果，只要將這種有花紋的護貝膠片，經過裁剪改造成適當尺寸，即可作為設計加工元件使用。

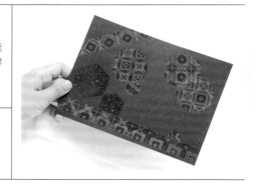

工具 & 材料

護貝膠片（→ P.139）、紙。

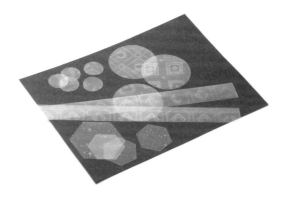

1　準備所需媒材有欲護貝的紙與已裁剪改造的護貝膠片，這次使用全像攝影的花紋膠片作為重點護貝材料。

2　在預定重點護貝的部分，排列配置裁剪成形的花紋膠片，將有如毛玻璃般無光澤的那一面與紙張密合，請務必注意膠片正反面，以免失敗。

3　在直接放入護貝機之前，為防止膠片走位或被機器捲入，可以拿一大張紙對摺後，包夾於護貝紙上再護貝。

4　先從對摺紙的褶痕那端放入護貝機，除了護貝機，也可直接熨燙整張紙，同樣達到護貝效果。

5　完成護貝之後取出即完成。即使只是一般的透明護貝膠片也能有油光漆般的光澤感，不妨多多嘗試不同的加工方法吧！

08

以書籍包膜膠片作出包膜效果

由於圖書館用的透明書籍包膜膠片比護貝膠片更為柔軟且不易彎摺，因此適合用在大面積的單面包膜，Amenity B Coat這款書籍包膜膠片有透明光澤版與霧面版兩種樣式。

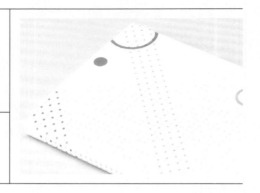

工具 & 材料

Amenity B Coat（→ P.139）、尺、紙。

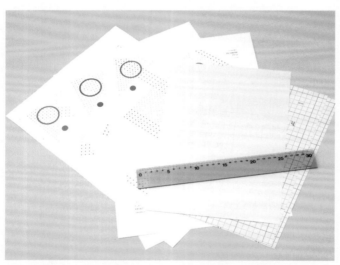

1　為了使包膜的紙與包膜膠片能夠完美地貼合在一起，尺是不可或缺的工具，書中使用的包膜膠片是Amenity B Coat霧面無光澤款，若想要有光亮感，則可以使用Amenity B Coat的透明光澤款。

2　先不要撕去包膜膠片的背紙，對齊包膜紙上的膠片貼附位置。

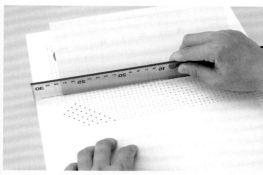

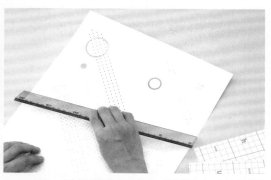

3　先從邊緣部分撕去一小塊背紙，並以尺排出空氣後，貼平包膜膠片，假使是採取從邊緣貼起的方式，另一側也是以相同步驟貼好膠片。

4　如果是一次全部撕除背紙的方式，以尺操作時，以不損傷紙面的力道輕輕劃過整張包膜紙來排除空氣。

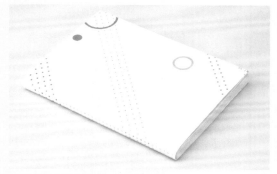

5　包膜完成。這次示範選擇的是比紙張略小的包膜膠片，若是想要包覆整張紙，或包覆書籍等具有立體面的物品，則需多預留一些部分再視尺寸裁切貼合。

6　以裁切包膜完成的紙張製作成書套。Amenity B Coat具有抗菌效果與防紫外線功能，適合用來防護需長期保存的物品。

09

以熱熔紙作出和紙護貝

此單元介紹使用熱熔紙製作和紙護貝的方法，熱熔紙原本是作為補強製書時所使用的布料或紙張的材料，只要以熨斗熨燙，使其服貼於欲護貝的表面上，印刷品的表面就會形成一層像輕薄和紙覆蓋般，有著不可思議的感覺。

工具 & 材料

熱熔紙（薄款）、熨斗、紙。

1　準備熨斗、熱熔紙及預定作成和紙護貝的媒材。熱熔紙有厚薄款之分，請盡可能選擇薄款的熱熔紙，可上網搜尋熱熔紙購買。

2　依要護貝的媒材紙張的尺寸，將熱熔紙裁剪出適當大小，這次要全張護貝，所以裁剪的大小要略大於紙張。

3　將要護貝的媒材紙張與裁剪好的熱熔紙疊合在一起，由於熱熔紙尺寸大於要護貝的媒材紙張，請於最底下墊上一張紙。

4　以熨斗全面地均勻熨燙整張熱熔紙，溫度設定在低溫，如果護貝的效果不理想，再慢慢提升溫度加強。

5　熱熔紙因熱產生黏著性，而與底下的媒材紙黏貼在一起，完成護貝。

6　最後撕去最底層的紙墊，可以美工刀修飾，也可保持原貌，表現出邊緣不規則的樣子。

7　製作完成，與原本的明信片（右）相比，清楚地看出表面質感已經改變。

8　想要使文字更加鮮明，就將文字印在和紙護貝上，圖中示範的作品是將設計圖稿列印在A4紙上，不經過裁剪步驟，直接作和紙護貝，之後再將文字列印於和紙護貝上。因為熱熔紙會增加紙張厚度，後續列印文字時可能會不夠順暢，請小心卡紙的情況。

9　和紙護貝進階版的應用方式是將立體物品放入，只是熨燙加熱時，要注意媒材的耐熱性，若不夠耐熱可能導致失敗。

10

以包裝蠟紙製作信封

一般黏著劑無法黏著蠟紙,只要選擇專用的黏著劑或熱熔紙即可黏著固定,這次將嘗試以包裝蠟紙來製作原創設計的信封。

工具 & 材料

蠟紙或包裝紙、美工刀、尺、切割墊、轉印筆或凹版雕刻刀、筆、蠟紙專用黏著劑、熱熔膠、熱熔紙、可剝除式噴膠、噴膠清潔噴霧。

1　準備蠟紙,也可至包裝材料行挑選款式多樣的包裝紙,或自行製作蠟紙,製作方式請參閱《純手感!印刷・加工DIY Book》P.94。

2　準備製作的信封紙型。

3　將信封紙型噴上可剝除式噴膠後,黏貼於蠟紙上,接著以美工刀沿著紙型裁切蠟紙。

4　以噴膠清潔噴霧清理裁切好的蠟紙黏貼面,彎摺部分再以轉印筆沿著尺邊劃出褶痕。

5　彎摺步驟4中劃好的褶痕。

6　塗上蠟紙專用黏著劑，後續同樣以黏著劑黏貼收件人標籤紙與郵票，黏著劑可於網路上購得。

7　靜待黏著劑乾透即完成。

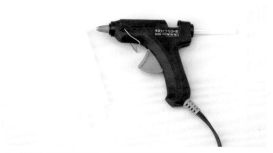

8　除了專用黏著劑之外，也可使用熱熔膠黏貼。

9　如果是以熱熔膠取代專用黏著劑，在塗完熱熔膠之後，必須立即按壓固定，因為熱熔膠很容易冷卻凝固，所以操作時動作要迅速。熱熔膠熔點溫度較高，也請小心燙傷。

10　完成品。左圖是使用蠟紙專用黏著劑，右圖則是使用熱熔膠黏貼，使用熱熔膠的右圖中，在透光情況下會看到樹脂的痕跡。

11

貼膜&貼皮的完美貼法

於大面積的紙張上貼膜或貼皮時，常常不小心便會跑入空氣，
造成不平整，在這裡特別介紹萬無一失的貼法要訣。

工具 & 材料

卡點西德（→ P.139）、紙、刮板或三角尺。

1　如果沒有刮板，也可以準備三角尺。

2　這裡要示範的是將美術紙貼上卡點西德。

3　先將卡點西德的背紙撕開一點點，然後裁切下寬度約2cm的背
紙。

4　將步驟3中已裁切掉背紙的部分黏於紙上。

5　接著一手將卡點西德的背紙一點一點地往後撕開，另一手手持刮板順著卡點西德由前往後滑過，使其服貼。

6　一邊注意有無跑進空氣，一邊依照前述要領一點一點地貼平卡點西德。

7　萬一空氣跑進去造成皺褶時，先暫停繼續撕開卡點西德的背紙，仔細以刮板將皺褶或空氣往外排除。

8　完成品。除了卡點西德，也可嘗試應用噴上噴膠的紙或膠片來黏貼。

9　若沒有刮板，就以三角尺來代替。三角尺的尖角部分很適合於要在卡點西德上貼上一層描圖紙時使用，能在不傷紙張與卡點西德的情形下，將描圖紙貼得很漂亮。

10　不妨多嘗試用各種貼膜來製作書套。貼膜與貼附的紙張，會隨著材質與厚度而有相適性的問題，如果是高價款的貼膜，建議先試貼一小部分再決定較好。

12

以活版印刷工具製作浮雕效果

將紙張壓印出凹凸紋路的「浮雕加工」雖然製作出來的效果非
常棒，但成本也相當高⋯⋯不過，浮雕加工只要將設計圖稿交
給工廠，就能作出凸版／凹版兩種圖版，然後再利用活版印刷
工具組，即可自行作出簡易版的浮雕加工。

工具 & 材料
活版印刷工具組（→ P.140）、浮雕用樹脂版（→ P.139）、紙。

1　準備活版印刷工具組（→P.140）、浮雕用樹脂版（委託真映社製
作→P.139）、紙。

2　以Illustrator或Photoshop軟體作出設計圖稿，再請
真映社製版。有凸版（或稱為陽版）及凹版（又稱陰版）
兩種圖版，書中協助提供圖稿設計的是插畫家Fujimoto
Masaru。

3　完成的凹版與凸版樹脂版。

4　凹凸兩版對齊位置後組合在一起，並於圖版上方貼上透明膠帶固定。

5　將欲以浮雕加工的紙張插入以透明膠帶固定的凹凸版中間。

6　再將插入紙張的凹凸版放至活版印刷台。

7　將活版印刷台放入簡易活版印刷機，如果沒有這台機器，也可以版畫加壓機代替。

8　壓印完成後取出，圖稿便出現凹凸的浮雕效果。

9　這是凹版與凸版沒對準壓印出來的結果。線條變成兩條，即可看出上下兩版沒有對準。

10 若是印刷後想要加上浮雕效果，可以將圖稿再列印一次。

11 與前面作法相同，確實對準凹版與凸版位置，以透明膠帶固定，再將列印出來的圖稿插入凹版凸版中間，此時請務必注意浮雕版與圖稿印刷位置是否吻合。

12 將插入圖稿的凹凸兩版放入簡易活版印刷機加壓，色彩鮮明的圖稿立即就有了浮雕效果。

13

以塑膠封口機密封

如果手邊有些易於熱熔的媒材,可使用只要幾秒鐘即可熱加壓封口的Clip Sealer Z-1製作,這款夾式塑膠封口機不需要預熱時間,隨插隨用。這次特別示範了許多不同的媒材,大家也可以自行發揮創意,作出與眾不同的印刷品。

工具 & 材料

塑膠封口機(Clip Sealer Z-1)(→ P.140)、可以熱熔的媒材(夾鍊袋、OPP 袋、不織布)。

1　首先介紹塑膠封口機(Clip Sealer Z-1)的使用方式。以示範的夾鍊袋為例,內容物放進袋中之後,將夾鍊袋的封口部分以封口機熱熔封口。夾鍊袋在SHIMOJIMA株式會社的店面購得。

2　這是Clip Sealer Z-1。這種塑膠封口機另有桌上型與單邊熱壓型等不同機種。

3　將內容物放進夾鍊袋。夾鍊袋有透明塑膠製與銀色鋁箔製,另有寬底與平面樣式。

4　放入內容物之後,將夾鍊袋開口部分放至夾式封口機。夾式封口機,就是外型有如大型夾子的封口機,操作相當簡單。

5　按下開關數秒，待指示燈亮起時仍需按住開關不放，按住開關時封口機會產生高溫熱能，一段時間之後會自動斷熱。

6　將袋底充分熱熔密封，萬一熱熔效果不佳，可以重新加熱一次，再檢視封口情況。

7　最後貼上標籤即完成。

8　這是使用OPP袋的示範作品，細長的OPP袋中放進鈕釦，將開口部分斜放進夾式封口機，作出彷彿一串糖果的包裝。

9 另可將不織布進行局部熱熔封口。書中使用包裝用的大片不織布，將之捲成立體形狀，再局部封口固定。因為不是每一種材質都適用熱熔封口，建議在製作前不妨先測試確認後再操作。

10 這是名為パレットパック（paretsutopatsuku）的平面袋，以類似和紙的材質製成，內側部分可以熱熔。

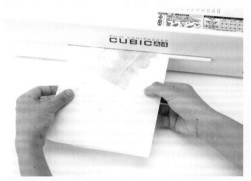

11 由於パレットパック（paretsutopatsuku）的內側適用熱熔封口，如果是厚度較薄的亦能放進護貝機加工。

12 上圖為經過護貝後，作成剪貼簿風格的示範作品。

14

以透明樹脂使平面貼紙呈現立體感

以透明樹脂加工製作立體感，一點都不輸給書籍封面設計常見的UV亮光膜加工方式。只要使用居家DIY賣場所售的水晶樹脂膠，即能輕鬆作出極具透明感的半立體貼紙。

工具 & 材料

水晶樹脂膠（包含 Epoxi 樹脂與硬化劑）、電子秤、紙杯、牙籤、印有設計圖稿的貼紙。

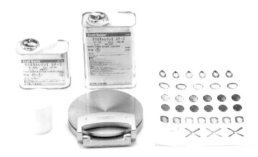

1　準備水晶樹脂膠（包含Epoxi樹脂與硬化劑）、電子秤、紙杯、牙籤、印有設計圖稿的貼紙。

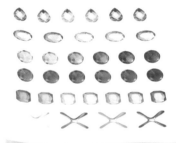

2　設計圖稿是列印在未裁切的標籤用貼紙上。選擇貼紙時盡量選擇厚度較厚的紙張，圖中示範貼紙是含背紙厚度為0.015mm的列印貼紙。將圖稿印出來之後，再以Craft ROBO（請參閱P.26）切割出圖案的形狀。如果沒有Craft ROBO，可以美工刀代替（不要切割到背紙）。

3　水晶樹脂膠在居家DIY賣場或化工材料行有售，也可以利用網路購買。水晶樹脂膠包含了Epoxi樹脂與硬化劑，依照説明書的比例將兩劑倒入紙杯混合即可。為了掌握正確的混合劑量，請使用電子秤。

4　將秤量後的Epoxi樹脂與硬化劑倒入紙杯，以免洗筷攪拌混合。

5　裁切貼紙並撕去不要的部分後，將混合好的樹脂膠倒於寶石圖案上。

6　倒入的分量大約是不溢出圖案範圍的程度。

7　如果樹脂沒有流到圖案邊緣，可以牙籤尖端輔助，使樹脂覆蓋至圖案邊緣部分，因為液體表面張力的緣故，樹脂會保持不流動的狀態，直至乾透定型。

8　半立體寶石貼紙完成。加上透明樹脂的貼紙就像是市售品一樣地漂亮。

9　有時可能會倒下過多的樹脂膠，導致溢出圖案範圍的情形，操作時請特別注意。

10　貼紙圖案最好以圓形或方形等少凹凸角度的形狀為佳，例如星形圖案很容易在尖角部分失敗。

15

以防水的防染膠製作模版染色

所謂的模版染色，是將模版挖空部分塗上能防染料滲透的防染膠之後，再染色的技法。這種以熨斗熨燙定型的防染膠可以用於T-Shirt或手帕的染色。如果想要作出較為細緻的花紋圖案，可以選用卡點西德製作模版。

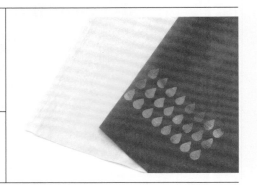

工具 & 材料

防染膠（→ P.140）、染料、卡點西德或模版紙、熨斗、鍋子、要染色的布料（棉、麻）。

1　不需沖洗的防染膠。以往防使用的防染膠不僅要作到防止染料滲透，在最後完成前還必須經過浸泡、沖洗等多道工序，但這款防染膠能對熨斗的熱能產生反應，所以後續省去沖洗的步驟，相當方便。

2　圖中是欲染色的薄棉質手提袋。以繪圖儀輸出裁切卡點西德製成模版，亦可以手裁剪，如果沒有卡點西德，紙模版或蠟紙模版也可以。

3　將卡點西德撕去背紙後貼於手提袋上，如果是以紙模版或蠟紙模版，可先於背面噴膠再黏貼。

4　混合防染膠的A、B兩劑，混合後的防染膠建議於一個月內用完。

※選擇染劑的注意事項。

隨著染劑的性質不同，防染效果也會有所差異。效果最明顯是這種憑藉著纖維與化學物質結合來染色的反應性染劑，對於可溶於水的直接性染劑也具有一定的防染效果。（本次使用直接性的染劑）柿澀與鬱金等天然染料，由於防染膠會吸收其色素，因此無法防染。「免洗式防染膠」、「Some Some染色工具組」（シンコー株式会社→P.140）

5　在貼上卡點西德模版的地方塗上防染膠，於袋子底下墊上多張報紙或半紙（宣紙），讓防染膠可以充分滲透至袋子背面。

6　塗完防染膠之後，撕掉卡點西德模版，待自然乾燥或以吹風機吹乾防染膠。

7　防染膠乾透，以熨斗熨燙塗有防染膠的部分，為了使防染膠因熱能而產生作用，熨斗溫度設定為高溫，以一處停留10秒以上的方式進行熨燙袋子，請注意不要讓袋子因為高溫而燒焦。

8　準備將上了防染膠的袋子染色。這次使用的染劑是「棉、麻專用的Some Some染色工具組」。 ※書中染使用的染劑對於天然染料不具防染效果，請改用反應性染劑或直接性染劑。

9　完成染色、定色處理之後，放入水中清洗至袋子不再褪色。

10　將袋子脫水乾燥後即完成。左側是袋子原本的顏色，右側則是塗上防染膠後染色的袋子，經過熨燙後，雖然塗有防染膠的圖案呈現出一點甜美且斑駁的味道，但卻也非常清晰地再現。

實踐篇

Ⅲ

裝訂

01

製作書冊保護套

替套裝書製作書盒不僅製作過程麻煩又花時間。如果是「書冊保護套」，只需將切成帶狀的厚紙，以膠帶固定，就能輕鬆量產，製作重點在於書冊保護套必須精確符合書本的尺寸。

工具 & 材料

薄瓦楞紙（書中使用的是 2mm 的厚度）、雙面膠帶、放入書冊保護套的書本或冊子。

1　準備薄瓦楞紙（書中使用的是2mm的厚度）、雙面膠帶、放入書冊保護套的書本或冊子。

2　配合書本的寬度，裁切瓦楞紙。長度則約是書本長度的兩倍+5cm。這部分是依據要放入保護套的書本厚度而特地預留長一點，由於最後才要裁切，這時只要稍微目測確定即可。

3　在瓦楞紙內側以美工刀背切劃出一條褶線，因為從後端裁切可以隨時調整長度，所以在此先目測書本厚度來決定褶線位置，示範的摺線位置是從邊緣算起，約1cm寬處。

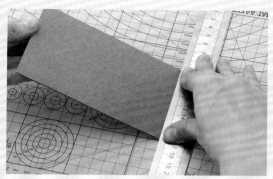

4　以尺壓住瓦楞紙右側，也就是剛剛切割的褶線上，左手拿起左側部分的瓦楞紙，讓瓦楞紙沿著摺線摺出痕跡，這樣一來，右邊寬度較窄的部分便能摺得很漂亮。

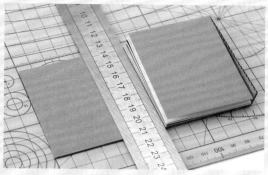

5　將書本或冊子疊在瓦楞紙上比對尺寸，於書本尺寸+2mm的位置再摺一次，這是為了最後將瓦楞紙重疊貼合在一起，同時也需預留瓦楞紙厚度的部分，書冊保護套要作得略大一點。

6　在步驟5比對確定的位置上，以美工刀背切割出一條褶線。

7　接著以尺壓住褶線，沿褶線褶另一側的瓦楞紙。

8　與先前步驟相同，以書本底部寬度來決定摺線位置，將瓦楞紙摺出痕跡。

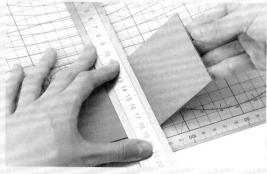

9　以尺壓在褶痕上，摺起瓦楞紙。

10　以手指按壓每個褶痕，再確實摺一次。

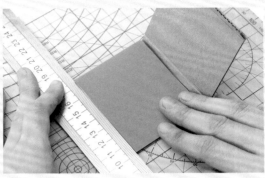

11　精準配合書本尺寸，這次與步驟5不同，在對齊書本尺寸的位置摺出一條線。

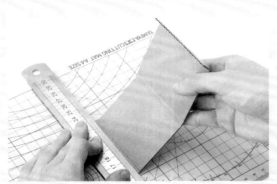

12　然後以尺壓住褶痕摺起瓦楞紙。重點在於以尺壓住瓦楞紙剩餘較短的部分，以便於摺起。

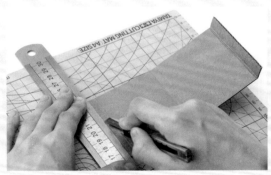

13　摺好瓦楞紙之後，精準比對書本寬度，裁切掉瓦楞紙兩端多餘的部分。

14　最後在摺起的保護套底寬部分貼上雙面膠帶。

15　將貼有雙面膠帶這端與另一端黏合在一起，剪去多餘的雙面膠帶。依照這個製作方法作出大小不同，或在瓦楞紙打洞，露出內在的書冊，都是相當有趣的變化。（瓦楞紙上的印刷圖案製作請參閱P.52的碳粉轉印）

02

加工出豐富多彩的釘書針

釘書機是最簡單的裝訂工具。一般來説，釘書針大多是銀色，
只要以指甲油來上色，釘書針即可變得繽紛多彩。

工具 & 材料

釘書針（銀色、彩色）、指甲油、紙膠帶、釘書機。

1　準備釘書機、指甲油、釘書針、紙膠帶。

2　製作三色旗釘書針。先在藍色釘書針的邊緣貼上寬3mm的紙膠帶，如果沒有藍色釘書針，銀色也可以，但另需準備藍色指甲油。

3　釘書針的另一邊也貼上寬3mm的紙膠帶。

4　將中央沒貼上紙膠帶的部分塗上白色指甲油。

5　只塗一層的顏色飽和度不夠，所以待乾透再塗上第二層。

6　指甲油充分乾透之後，撕去一邊的紙膠帶。

7　這次在塗上白色指甲油部分貼上寬3mm紙膠帶。

8　沒有貼紙膠帶的部分塗上桃紅色指甲油，為使顏色飽和，同樣需要重複塗兩層，如果是銀色釘書針，塗完桃紅色之後，再貼上紙膠帶，以藍色指甲油塗未上色的部分。

9　完成三色旗的釘書針。

10　將三色旗釘書針放入釘書機，依照一般釘書機的使用方式，釘出來的釘書針就是三色旗顏色。

綠與白的雙色釘書針。

於釘書針一端貼上寬4.5mm的紙膠帶，再個別於兩端塗上綠色與白色指甲油。

最簡單的桃紅色條紋釘書針。

於釘書針中央貼上寬3mm的紙膠帶，將其餘部分塗上桃紅色指甲油即完成。

上方是未經上色的銀色釘書針，中央是塗上金色亮片指甲油，下方是塗上銅色亮片指甲油。

單色也非常可愛。

03

書背上色的彩色糊頭製書

糊頭製書，就是像便條紙一樣，可以逐張撕下的製書方式。製
書步驟雖然只要將木工用樹脂膠塗抹在書背待乾即可完成，這
次要嘗試在木工用樹脂膠裡混入顏料，試試彩色的糊頭製書。

工具 & 材料

要裝訂的紙張、木工用樹脂膠、食用紅色色素（或是日本畫用的粉末顏
料）。

1　準備要裝訂的紙張、木工用樹脂膠、食用紅色色素（或日本畫
用的粉末顏料）。

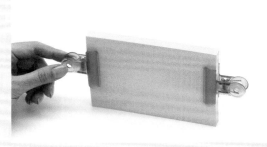

2　整理要裝訂製書的紙張，特別是書背部分一定要平整，以夾子
固定，完成前述步驟後的書背部分就如圖所示。

3　避免樹脂膠塗出範圍，在書背側面繞貼一圈紙膠帶，如果擔心
後續撕除紙膠帶時不小心損傷紙張，可於製書的紙張前後兩面各墊
上一張紙，再貼上紙膠帶。

4　圖中使用是亮紅色，以紅色食用色素與黃色食用色素比例為
二比一混合。

5　在白色的木工用樹脂膠中加入紅色色素。

6　以刮板將色素粉末與木工用樹脂膠混合均勻。

7　再將混合好的紅色木工用樹脂膠塗在書背上，為確實使紙張都沾到樹脂膠，請分次少量地塗抹。

8　為避免塗抹得斑駁不勻，可以刮板平撫木工用樹脂膠，若擔心只塗一層的樹脂膠黏著強度不夠，待樹脂膠完全乾透，再塗抹第二層。

9　在木工用樹脂膠乾透之前，以面紙整平凹凸的樹脂膠表面。

10　為了使木工用樹脂膠能完美定型，請放置數小時至一晚左右的時間乾透。

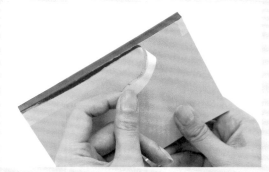

11　待木工用樹脂膠完全乾透之後，撕去紙膠帶。

12　彩色糊頭製書完成。

13　另一種上色方式。首先，依照一般的糊頭製書方式，整平書背後塗抹木工用樹脂膠。

14　以面紙整平樹脂膠，使其均勻覆蓋於書背。

15　放置一個小時待乾。

16　準備文具店或居家DIY賣場有售的亮粉膠。

17　在剛剛乾透定型的木工用樹脂膠表面上擠上一些亮粉膠。

18　以竹籤抹平亮粉膠，使其均勻。

19　放置一晚乾透。

20　乾燥後的糊頭製書。亮粉不太會脫落，完成度滿分。

21　也可以先於書背中央貼上紙膠帶，然後兩側各塗以不同的彩色木工用樹脂膠，作出更具變化性，更為講究的糊頭製書。

04

利用創意訂書輔助尺&釘書機裝訂

市面上有不少中間裝訂用釘書機等各種專業工具，其中這種只要搭配一般辦公用釘書機，即可簡單完成裝訂的「創意訂書輔助尺」（ナカトジ〜ル），不僅價格親民，而且體積輕巧不佔地方。不過因為無法裝訂較厚的書冊，因此建議用於一般厚度的裝訂書冊。

工具 & 材料
創意訂書輔助尺（ナカトジ〜ル）、釘書機、紙。

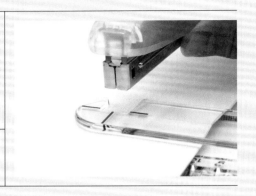

1　準備要中間裝訂的封面與內頁用紙、中間裝訂專用定規、釘書機（→P.140）。釘書機不必選購有特殊功能的款式，一般市售的辦公用釘書機即可。

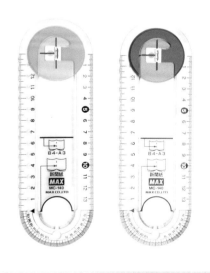

2　這是創意訂書輔助尺。只要將釘書機的出針口這邊置於定規上的標示位置即能使用，定規上面還有簡易的半圓尺與刻度等便利的測量功能。

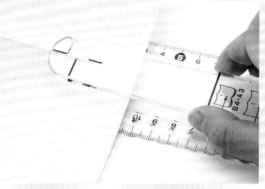

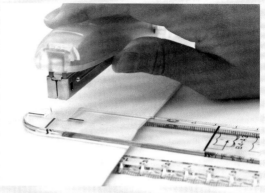

3　首先，將要中間裝訂的紙張整理後對摺，再使用創意訂書輔助尺專用定規夾住，定規上的裝訂位置標示對準紙張摺線。

4　打開釘書機，對準定規上的標示凹槽，從正上方垂直按壓釘書機，如果釘書機沒有確實對準標示凹槽，下方的釘書針會裝訂不完全，釘書針也會歪斜。

5　確認中間裝訂是否完成，可以看出釘書針精準地釘於對摺線上。

6　將要裝訂處都訂製完成。作法非常簡單，操作重點就在於一定要精確對準定規上的標示凹槽。

05

結合多本裝訂書冊製作典籍式線裝

典籍式線裝，是將內頁用紙對摺後以線串接成冊，並在書背處
塗上接著劑的製書樣式，由於真正的典籍式線裝成本非常高，
所以在此要介紹簡便的典籍式線裝法，自己也可以輕鬆動手完
成。

工具 & 材料
中間裝訂的冊子、木工用樹脂膠、縫紉針、線。

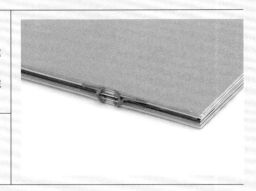

1　準備要中間裝訂的冊子、木工用樹脂膠、縫紉針、線。

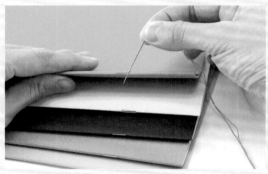

2　中間裝訂的冊子可以委託印刷廠製作或自行裝訂（請參照
P.108），將多本冊子疊在一起，以已穿線的縫紉針穿過書背裝
訂處的釘書針縫隙。

3　將全部的中間裝訂冊子都穿線後，拉緊穿過釘書針縫隙的兩端
線頭並打結，留下適當長度的尾線，其餘剪除。

4　將兩個裝訂處的釘書針都各穿過兩條線並打結，合計共需繫上
四個結。

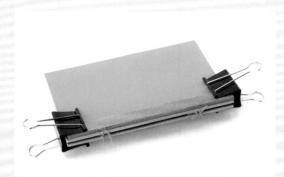 

5　拿取有厚度的木板或厚紙板，前後包夾已繫在一起的冊子，再以黑色長尾夾固定。

6　在書背處塗上木工用樹脂膠。

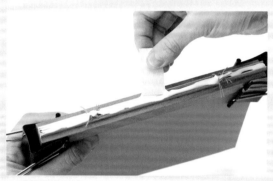 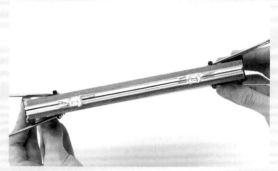

7　以一小塊厚紙板抹平木工用樹脂膠，線結部分也要充分塗抹到。

8　擦去多餘的樹脂膠，如果刮掉多一點的樹脂膠，只留薄薄一層，完成效果會比較好；如果想要厚實緊密的感覺，就省略擦拭的步驟。

9　放置數小時至一個晚上，待木工用樹脂膠充分乾透定型即完成。

06

平面裝訂

平面裝訂是最常用於教科書或漫畫的簡單裝訂方式，只要將內頁以紙摺成書本的尺寸，然後於靠近書背處以釘書針固定，再塗上接著劑黏接封面即可。紙張不摺也可以直接裝訂，平面裝訂的裝訂接點使頁面不易打開，但是非常牢固的製書方式。

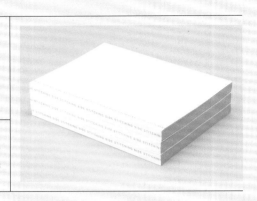

工具 & 材料

封面、內頁用紙、封面封底內襯紙、美工刀、切割墊、夾子、製書用黏著劑（Vinidine）、筆、尺、轉印筆或凹版雕刻刀、大型裝訂用釘書機（→ P.140）、槌子、加強固定用的書籍重物。

1 準備封面、內頁用紙、封面封底內襯紙（對摺展開尺寸）。這次準備的內頁用紙是已經裁切完成的尺寸，若是對摺展開的尺寸也可以，裝訂接點部分不能使頁面被打開到底，在設計時要特別注意這一點。

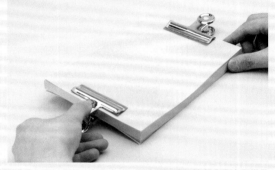

2 將內頁用紙整理對齊之後，以夾子固定，這個步驟會影響最後的完成度，所以請務必注意，防止夾子損傷內頁用紙，夾子內側可貼上一塊橡膠片，同時提高夾子的固定力道。

3 在書背的切口面上塗上黏著劑，暫時固定整疊內頁用紙，依照照片中所示範的方式，以斜塗的手法均勻塗上黏著劑，使內頁用紙的間隙也充分塗到。

4 等待黏著劑乾燥（約五至十分鐘左右）。

5　靜待約五至十分鐘左右定型後，取下夾子，在內頁用紙與上方加強固定用的書籍重物之間夾入一張透明資料夾，以穩定上方的書籍重物，加強固定用的書籍，不妨選擇字典即可。

6　將內頁的厚度考慮進去，於從書背算起寬約3至5mm左右處畫出一道釘書機裝訂的標示線，內頁越厚，書背與裝訂標示線距離要越寬，才有利於後續釘書機的裝訂作業。

7　放入裝訂用釘書機裡裝訂，依照書本尺寸，裝訂2至3次即可。

8　以槌子敲平書背面沒有完全勾住內頁用紙的釘書針腳。

9　將內頁用紙背面塗上一層黏著劑，用以黏貼封面封底內襯紙，塗抹範圍約是充分蓋住釘書針左右的寬度，同時拿一張紙墊於一側，使黏著劑塗抹得更為均勻。

10　準備兩張對摺的封面封底內襯紙。在內頁第一頁與最後一頁各自對齊後貼合。襯紙能遮蓋裝訂的釘書針，而且加強封面與內頁用紙間的黏貼強度。

11　裁切封面紙。裁切的尺寸要略大於完成品，並以轉印筆於書背寬度的位置上劃出摺線，由於封面的書背寬度也要預留多一點，因此先測量好內頁厚度之後再來設計會更精準。

12　在已貼好封面封底內襯紙的內頁紙張的書背上均勻塗抹黏著劑。此時書背、書背兩側邊與切口面也要薄薄塗上一層寬約5至10mm左右的黏著劑，以便後續黏貼襯紙與封面。

13　將封面與內頁黏貼在一起。以手指壓住使封面與襯紙能更加緊密貼合。

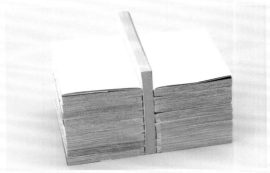

14　將書背朝下直立，並於封面與封底兩側各用一疊書籍重物固定書本，加強黏貼度，靜置待黏著劑乾透。

15　黏著劑乾透後，將封面多餘的部分修剪，封面與內頁切口面才會平整漂亮，完成！

16　本次使用的大型製書用釘書機最大的裝訂張數為160張（約是PPC用紙64g/㎡），也就是320頁，書背寬度約14mm。

07

插入各式媒材的裝訂

中間裝訂有一個好處，因為整本冊子只以釘書針固定，只要是釘書機可以裝訂，不管是有凹凸花紋的紙或不規則的媒材，都能用來裝飾冊子，不妨善用手邊各式媒材，DIY作出與眾不同的中間裝訂冊子吧！

工具 & 材料
創意訂書輔助尺（ナカトジ～ル）、釘書機、蕾絲紙或包裝紙。

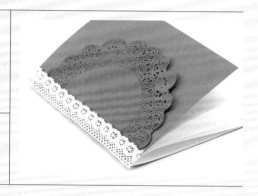

1　首先備齊準備中間裝訂的材料。這次選用有凹凸花紋的レザック96オリヒメ（紙品名稱）作為封面，及紅色紙蕾絲與蕾絲花邊。

2　本次使用創意訂書輔助尺製書（→P.108），在內頁與封面上加上紙蕾絲與蕾絲花邊，對準裝訂的位置後，以釘書機裝訂。

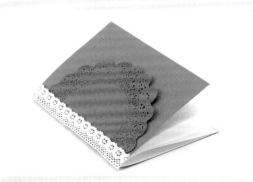

3　修剪多餘的蕾絲花邊即完成。除了中間裝訂用的釘書機，也可使用其他工具來製作。

4　還可以變換不同媒材，作出許多變化。左側是利用作為緩衝包裝材料的凹凸工藝紙，在上面黏貼標籤紙裝飾，右側則是以圓點摺紙與紙蕾絲組合製成封面。

08

日式紙帶裝訂

紙帶是日本傳統工藝用件。除了用來連繫冊子內頁，也會拿來
作為束髮之用，若在紙帶上塗膠，再上色或貼金箔的則稱為水
引，此單元將介紹如何以和紙製作簡易式裝訂紙帶。

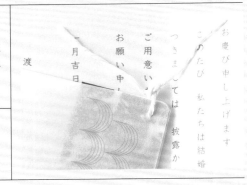

工具 & 材料
切成細長形的和紙、欲裝訂的千代紙或噴墨列印輸出的和紙圖稿。

1　準備切成細長形的和紙、欲
裝訂的千代紙或噴墨列印輸出的
和紙圖稿。

2　將薄和紙（書中使用噴墨列印專用的薄和紙）裁剪成寬1cm，
長約20cm的細長條。

3　以手指縱向對摺細長條的和紙。

3　繼續以指腹扭轉和紙。

4　將和紙緊密扭轉至尾端,與原本的細長條相比,長度幾乎短了一半。

5　重疊整理將要裝訂的紙品,以鑽孔棒鑽出一個小孔。

6　將先前製作的和紙帶穿過小孔。

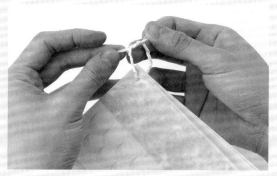

7　將紙帶打結之後即完成,因為紙帶強韌,當作一般繫帶使用也不容易斷裂。

8　結婚邀請函完成。在噴墨專用的和式列印紙上印上邀請內容文字,再與千代紙或花紋薄紙裝訂在一起,以厚紙印出的介紹文案則摺成三摺,再夾入邀請函裡寄出。

09

加裝封口圓鈕在信封或書冊

牛皮紙文件袋上常用的封口圓鈕也能利用雞眼釦鉗製作，不妨嘗試替信封或冊子的封面、書套等紙品加上文件袋封口圓鈕吧！此外，還有一種比雞眼釦方便的黏貼式封口圓鈕，讓製作更簡單。

工具 & 材料

雞眼釦鉗、雞眼釦、打孔器材（單孔鉗、丸斬）、圓形厚紙片或皮革、欲加裝封口圓鈕的紙品（紙、信封、冊子的封面）。

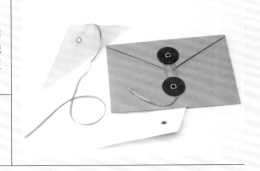

1　本單元示範在明信片尺寸的信封加上封口圓鈕。準備展開的信封紙型、作為圓鈕部分的厚紙片或皮革、雞眼釦鉗與符合雞眼釦大小的丸斬。

2　在圓形厚紙片正中央與信封上要加裝圓鈕的位置，以丸斬各打出一個孔，丸斬的打孔大小要符合封口圓鈕的直徑。

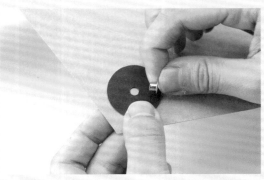

3　將厚紙片與信封上的小孔對準、重疊，再插入雞眼釦，如果信封材質較薄，可以在背面加上另一片圓形厚紙片補強。

4　以雞眼釘鉗夾住雞眼釦後，施力使雞眼釦固定，即可完成封口圓鈕的部分。

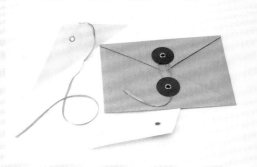

5　將信封的兩個封口圓鈕加裝完成之後，在單邊綁上一條繫帶，書中選用金色書籤帶，也可依個人喜好選擇麻線或細棉線。

6　將金色書籤帶繞於封口圓鈕上即完成。

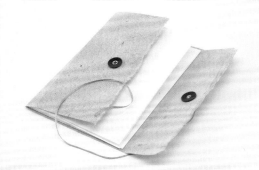

7　這裡示範的是將中間裝訂冊子的封面作成像信封一樣，並於信封封面上加裝封口圓鈕。封口圓鈕是將圓片皮革打孔後，裝上與前面相同的雞眼釦固定即可。

8　除了使用雞眼釦之外，還有這種黏貼式封口圓鈕的商品，上圖是在紅色信封上加裝山櫻株式会社所推出的彩色標籤黏貼式封口圓鈕。

9　彩色標籤背面附有黏膠，撕去背紙後，即可黏貼在信封等紙品上。

10　彩色標籤（山櫻株式会社 →P.141），一共有六種不同顏色套組，左起為黑、咖啡、灰、淺棕、藍、白。

10

各式金屬裝訂零件

手工藝行或文具店所販售的簡易裝訂零件，種類相當豐富，只要搭配手邊既有的材料善加利用，可以作出品味優質的冊子或筆記本。這裡為大家示範以雙雞眼釦、鐵製摺疊原子夾來裝訂及裝訂鉚釘的示範作品。

工具 & 材料

雞眼釦、紙蕾絲、打孔器、鐵製原子夾、紙。

1　首先應用雞眼釦作成的紙蕾絲便條紙。只要在紙蕾絲上打一個孔，即可完成一本可以轉動的趣味便條紙。

2　以打孔器在紙蕾絲打一個孔。將紙蕾絲分成數疊打孔，建議預先在紙蕾絲上作記號，避免分次打孔時走位。

3　將雞眼釦分別裝進紙蕾絲正、背面，再以撞釘工具對準雞眼釦敲打固定，雞眼釦尺寸必須符合孔洞的直徑。

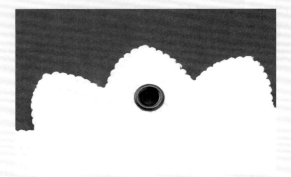

4　將雞眼釦充分密合之後即完成。一般單邊的雞眼釦不適合用來裝訂這種有厚度的便條紙，且這樣便條紙也很難作出可以轉動的效果，建議使用有套蓋的雞眼釦比較好。

5　利用摺疊原子夾製作筆記本。裝訂文件的兩孔摺疊原子夾有塑膠製，也有金屬材質製，感覺比較特別。圖中為コクヨ（Kokuyo）鐵製摺疊原子夾。

6　以雙孔打孔器將封面與內頁、襯紙打孔，請注意所有的紙張孔洞必須對齊。

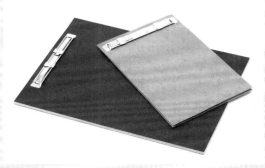

7　準備鐵製摺疊原子夾。將下方底座的彎曲邊條穿過紙張的兩個孔，再以上方的固定套固定。塑膠製的摺疊原子夾也是相同方式，並且還可從後面補充內頁紙張。

8　將摺疊原子夾穿過兩孔即完成製作。雖然是再簡單不過的裝訂零件，但金屬元素讓筆記本具有裝飾重點。

9　其他還有如上圖中的裝訂鉚釘，感覺既復古又有趣。

10　上圖中名為brads的裝訂鉚釘有各式各樣的造型。從彩色款到小花等不同的造型設計，及表面經過植絨加工等，種類非常豐富。

11

製作蛇腹摺製書的包覆式封面

蛇腹摺製書不常使用於商業出版品。但是這種打開便能一覽無遺的設計卻令人難以捨棄不用。只要將紙張連接在一起，作出長長的蛇腹摺內頁，並於首頁與最後一頁包覆一層自己喜歡的紙或布料作為裝飾即完成。

工具 & 材料
輸出（列印）的內頁用紙、作為包覆封面的紙（或布料）、厚紙板。

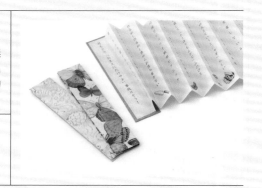

1　準備輸出（列印）的內頁用紙、作為包覆封面的紙（或布料）、厚紙板。

2　內頁用紙為B4尺寸10張、寬3cm長18cm一張。因為是短歌本，所以選擇縱長形版面。首先，以筆劃出褶線。

3　以美工刀裁切周圍不要的部分。

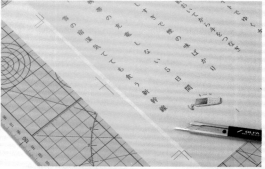

4　裁切多餘的紙之後，接著在每張紙的連接處預留黏著劑的塗抹空間，約寬3mm。

5　反摺3mm預定塗抹黏著劑的部分。

6　塗上黏著劑。為避免塗抹時滲出，可墊上一張紙（如圖中左側的粉紅色紙），再開始塗黏著劑。

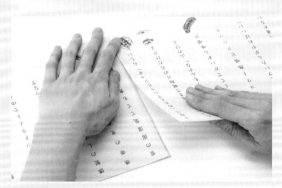

7　塗完之後，黏貼下一張內頁用紙。

8　沿著先前的摺線，正反交錯地對摺紙張。全部對摺完後即如圖片所示，即完成內頁部分。

9　接下來是封面製作。首先，裁切封面紙，封面要比內頁用紙略大。作為包覆內芯的厚紙板寬4cm長19cm（天地左右各是內頁用紙尺寸＋5mm），包覆用紙寬約5.5mm長20.5mm（寬與長是厚紙板尺寸＋15mm）。

10　在包覆用紙內側薄塗一層木工用樹脂膠，再將塗有樹脂膠這面與厚紙板黏貼在一起，請注意黏貼位置必須天地左右皆對稱。

11　斜切包覆用紙的四角，後續對摺時就能作出漂亮的收邊。

12　將四邊的包覆用紙摺往厚紙板內並貼合。

13　將步驟11已貼好的封面翻過來，以竹製刮板從頭至尾確實刮壓一次，共製作兩張。

14　將步驟8的內頁用紙最右側那頁的背面塗上黏著劑。為避免塗抹時滲出，可墊上一張紙（如圖中左側的粉紅色紙），再上黏著劑。

15　封面內面（可看見厚紙板那面）貼附於步驟14中的內頁用紙上，另一側也是以相同的作法黏貼封面。

16　完成。變換包覆用紙，就能作出風格不同的蛇腹摺製書。

12

一張紙摺製完成的製書方式

將一張紙的中心線位置作出一道摺線，只要對摺即能作出一本
八頁的冊子。其實大部分的人都略知這個方法，不過卻未必清
楚摺製方式，只要善用摺製方式，就能輕鬆作出一本八頁小冊
＆全展開一頁的簡便冊子。

工具 ＆ 材料

印有內容的紙張、尺、美工刀。

1　準備印有內容的紙張、尺、美工刀。

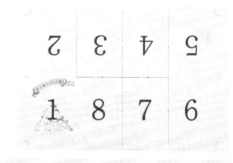

2　印有內容的紙張。由於這些數字位置代表了頁碼順序，所以
版面設計是依照此順序來編排列印。

3　背面部分製成冊子時，是摺在裡面無法看到的。不過，因為不
是裝訂製書，所以全展開時要呈現一整頁的樣子。圖中是一張放
大的地圖，一打開即可清楚地查看。

4　首先以中央線為準，對摺紙張。

5　對摺後，從紙的中央部分往褶痕方向以美工刀切割出一條線。

6　展開紙張後，（如圖）正中央有一條摺線。

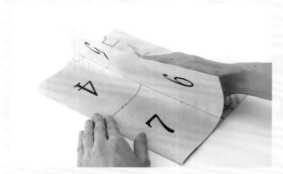

7　再將紙張回復到對摺狀態，將單面的紙再次對摺。

8　（如圖）可以從表面看見內側的內容。

9　再將紙張縱向往下對摺成一半。

10　橫向往左再對摺一次，完成。

11　即使不用裝訂，也能毫不費力地作出八頁冊子。

12　一打開，內容一覽無遺。

13

講究摺紙功夫的書籍封面製法

近幾年常常在書店看到許多書籍的封面都非常講究摺紙功夫。
即使委託業者代工製作，也因為全部都是手工作業，成本費用
出乎意料的高。想要省錢，只要自己動手摺紙與包裝，同樣能
完成美麗的作品。

工具 & 材料

封面用紙。

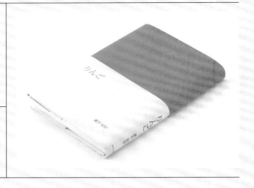

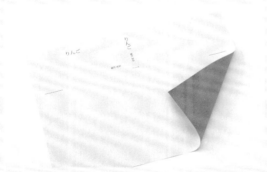

1　準備封面用紙。如果是A5尺寸的書，請選用A3大小的紙張，
正反面不同的紙張，完成後的效果很有趣。

2　將要包覆於書本的封面用紙摺成與書本縱長一樣的尺寸，並
先以美工刀背劃出褶線。

3　沿著褶線摺起紙張，反摺部分成為書帶。

4　將紙張包覆於書本時，必須對準書背部分。

5　書本放於桌上，將多出來的紙張沿著書本邊緣摺出痕跡。

6　順著剛剛摺出的痕跡，將多餘的紙張往內摺。

7　將書本翻過來後，依照相同步驟把背面多餘的紙張內摺即完成。

8　另一方法是先反摺封面用紙的天地兩端。

9　將紙張包覆在書本外。天地兩端的反摺面變成了書帶，又完成了一個有趣的封面。

14

以吸管製作卷軸

具有忍法帖風格的卷軸雖然感覺有點難以自己動手作……其實
只要利用手邊既有的材料就能完成。這次是使用吸管來作為卷
軸芯，並於紙端貼上製書膠帶，最後捲好紙張即完成一個卷軸
作品。

工具 & 材料
吸管、內頁用紙（已列印）、製書膠帶、紅色繩子（或硬棉線）。

1　準備吸管、內頁用紙（已列印）、製書膠帶、紅色繩子（或
硬棉線）。

2　將列印輸出的三張內頁用紙連接成一張，作成長條形內頁，
並裁切掉多餘的部分。

3　在內頁紙邊緣塗上黏著劑。為避免塗抹時滲出，建議可墊上一
張紙（如圖中左側的粉紅色紙），再上黏著劑。

4　取另一張內頁用紙貼附在塗有黏著劑處。

5　將三張內頁用紙連接完成後，成為（如圖）長條形的內頁。

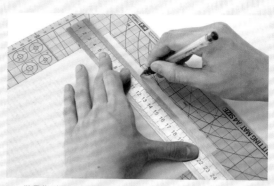

6　從長條形內頁用紙的左邊緣算起，寬7mm處，以美工刀背在紙張背面劃出一條褶線。

7　將內頁用紙翻回正面，在步驟6中劃的摺線內側仔細貼上雙面膠帶。

8　然後在褶線外側塗上黏著劑（雙面膠帶的右邊）。

9　撕去雙面膠帶的背紙。

10　將吸管黏附在雙面膠帶上，吸管突出於紙張外的兩端長度要均等。

11 塗有黏著劑的外側紙邊緣往內摺，將吸管包覆於內，再以尺按壓固定，使吸管確實地與紙張貼合。

12 完成卷軸芯的部分。

13 在卷軸芯另一側的內頁用紙邊緣貼上製書膠帶。先將製書膠帶背紙撕去一半，然後黏貼於紙上。

14 再將另一半的製書膠帶背紙撕去並對摺，貼附在內頁用紙正面，並剪除多餘的膠帶。

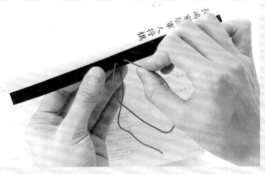

15 以鑽孔棒在貼有製書膠帶的部分鑽出兩個小孔，兩孔間隔約5mm。

16 以紅色棉線穿過兩個小孔。

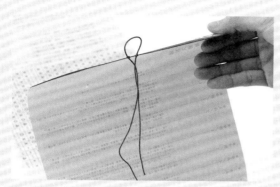

17 　預留棉線的一端長度稍長，是為了用來捲繞卷軸，所以請預留一定的長度。

18 　將兩端棉線穿過自身圈成的圓圈內。

19 　穿過之後，拉住兩端棉線繫緊。

20 　從吸管芯這端開始捲起內頁用紙。

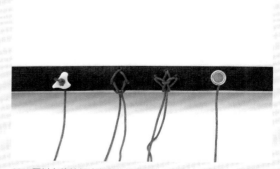

21 　將先前稍長的棉線捲繞卷軸一圈，再打個結即完成。

22 　可以在線結打法上作些變化，也可以加上雞眼釦。多嘗試不同裝飾手法，使製作過程更有樂趣。

15

附有書籤帶的裝訂製書

中間裝訂製書只需釘書機就能完成裝訂，堪稱是最簡單的裝訂方式。雖然簡單也很好，若適度加上一條書籤帶及裝飾，多在細節上花點巧思，即可完成一本精緻的製書作品。

工具 & 材料

裝訂的紙張、裝訂用釘書機、緞帶、可裝飾於緞帶上的貼紙等小飾物。

1 準備裝訂的紙張、裝訂用釘書機、緞帶、可裝飾於緞帶上的貼紙等小飾物。

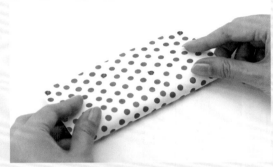

2 整理所有要裝訂的紙張，然後對摺。

3 以夾子固定紙張的左右兩邊，然後以釘書機先於紙張對摺線上的一端裝訂一次。書中使用的是裝訂用釘書機，專為裝訂而設計，也可以使用一般釘書機，詳細裝訂方式請參閱P.110，或參考《純手感！印刷‧加工DIY Book》P.98。

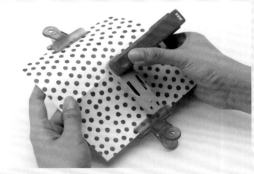

4 於對摺線中央位置以相同方式再裝訂一次。

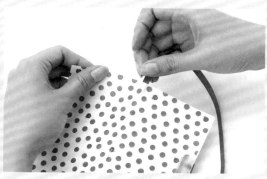

5　在裝訂對摺線的頂端位置前，先於封面與內頁間插入一條寬1cm的緞帶。

6　插入緞帶之後，再以釘書機裝訂。

7　緞帶長度約是比書本對角線位置稍長的長度，其餘剪除。

8　在緞帶前端貼上貼紙裝飾即完成，或不加裝飾也可以。

9　接著要示範的是不加書籤帶，而改加裝封口圓鈕。一開始與前面步驟相同，整理紙張後對摺，以夾子固定紙張，再以釘書機裝訂紙張的兩邊。

10　準備封口用的圓形鈕釦及捲繞封口的線。決定鈕釦位置後，以夾子固定封口線。

11　以釘書機將封口線連同紙張一起，在中央位置裝訂一次。

12　將封口線繞書本一圈，再將多餘的線捲繞於圓鈕上。便完成一本有封口圓鈕設計的中間裝訂作品。

13　還有以釘書機裝訂成疊紙張的紙背時，可加上一枚蕾絲作為裝飾。請大家自行發揮裝飾巧思。

14　將蕾絲綴於封面邊，就完成一本可愛的裝訂作品。

15　各種不同的裝飾方式。可以釘書機固定緞帶蝴蝶結，作出一本蝴蝶結裝飾的裝訂作品（左）在書本上方裝訂一條銀線，並於銀線前端加上戒指作點綴，即是一本附有書籤帶的裝訂作品。

16　在冊子最上方位置插入一條銀線，銀線中央加上一個玩偶模型，這樣的裝訂製書也非常逗趣。或在冊子最上方位置插入一條寬版緞帶並將緞帶打成蝴蝶結，也具有裝飾效果。

道具介紹

道具介紹

雖然本書中所使用的各式工具、器材、媒材大多可以在DIY賣場或雜貨店、手工藝店購得，不過仍有一些工具必須向特定廠商洽詢購買，在此將介紹相關資訊。

簡易版絹印
Sun描繪絹印工具組
出現頁數：P.32- P.35

新日本造形株式會社
東京都中野區新井1-42-8
TEL:03-3389-1221
http://www.snz-k.com/

絹印用特殊墨水
T恤君專用墨水、發泡（全8色）、夜光（全5色）
出現頁數：P.36- P.38

太陽精機株式會社 Horizon事業部
東京都武藏野市御殿山1-6-4
TEL:03422-48-5119
http://www.taiyoseiki.com/

絹印用絹網
各種絹印用絹網製版
出現頁數：P.36- P.44

株式會社Sankou
京都府京都市南區久世中久世町3-37
TEL:075-933-2224
http://sankou.org/default.aspx

浮雕用印章材料
浮雕粉‧浮雕筆
出現頁數：P.46- P.47

株式會社Tsukineko
東京都荒川區荒川5-11-10
TEL:03-3891-4776
http://www.tsukineko.co.jp

透明無色印泥
VersaMark
出現頁數：P.48- P.51

株式會社Tsukineko
東京都荒川區荒川5-11-10
TEL:03-3891-4776
http://www.tsukineko.co.jp

樹脂版

印章用樹脂版／浮雕用樹脂凹凸版
出現頁數：P.45- P.49、P.58‧P.59‧P.86- P.88

株式會社真映社
東京都千代田區神田錦町1-13-1
TEL:03-3291-3025
http://shin-ei-sha.jp/

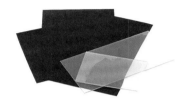

自製樹脂版材料

樹脂生版‧負片膠捲
出現頁數：P.60- P.61

株式會社真映社
東京都千代田區神田錦町1-13-1
TEL:03-3291-3025
http://shin-ei-sha.jp/

活字

明朝體‧歌德體‧花型活字等
出現頁數：P.62- P.64

株式會社中村活字
東京都中央區銀座2-13-7
TEL:03-3541-6563
htp://www.nakamura-katsuji.com/

加壓護貝膠片

加壓護貝膠片
出現頁數：P.71

加壓護貝明信片.jp
http://acchaku-hagaki.jp/

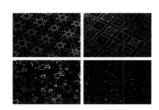

全像攝影膠片

「全像攝影：花形／菱形／心形／星形」
出現頁數：P.72- P.73、P.76- P.77

株式會社FUJI TECS 販促Express
東京都新宿區高田馬場1-25-30
TEL:0120-18-1589
http://www.hansoku-express.com

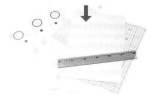

包膜膠片

Amenity B Coat
出現頁數：P.78- P.79

Kihara株式會社 店舖：Book　Buddy
東京都千代田區神田駿河台3-5
TEL:03-3291-5170
http://www.kihara-lib.co.jp

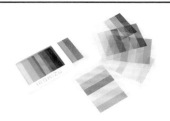

卡點西德

各種卡點西德
出現頁數：P.84- P.85

株式會社中川化學CS設計中心
東京都中央區東日本橋2-1-6岩田屋大樓3F
TEL:03-5835-0347
http://www.csdc.jp/

※可小量購買「卡點西德」的網站
卡點西德WEB SHOP

東京都江戶川區松本2-24-1
TEL:03-6311-5373
http://www.cuttingsheet.com/

個人活版機

LETTERPRESS COMBO KIT
出現頁數：P.86- P.88

Life Style Crafts
http://lifestylecrafts.com/

塑膠封口機

Clip Sealer Z-1
出現頁數：P.89-P.91

株式會社Techno Impulse
千葉縣白井市南山3-10-15
TEL:047-491-1303
http://www.technoimpulse.com/

防染膠

免洗式防染膠・Some Some染色工具組
出現頁數：P.94-P.95

Shinko株式會社
廣島縣福山市胡町2-6
TEL:084-923-0655
http://somesome.shop-pro.jp/

創意訂書輔助尺

ナカトジ～ル（Nakatoji~ru）
出現頁數：P.108- P.109

Max株式會社
東京都中央區日本橋箱崎町6-6
TEL:0120-510-200
http://www.max-ltd.co.jp/

大型裝訂用釘書機

裝訂用釘書機HD-12LR/17
出現頁數：P.112- P.114

東京都中央區日本橋箱崎町6-6
TEL:0120-510-200
http://www.max-ltd.co.jp/

文件封口圓鈕

彩色標籤
出現頁數：P.118- P.119

株式會社山櫻
東京都中央區新富2-4-7
TEL:03-5543-63311（代表號）
http://www.yamazakura.co.jp/

暢銷新裝版
好評販售中！

19*24cm・128頁・定價380元

《純手感──印刷・加工DIY Book》
大原健一郎・野口尚子・橋詰宗 著

預算不足！找不到委託工廠！
仍希望能製作精緻的作品！
就靠自己動手作吧！

不論是委託廣告行銷代理，還是製作雜誌、小型平面宣傳刊物等印刷品，總是希望作出來的宣傳印刷品獨特精緻，但有時候因為預算的關係，使得很多創意的想法無法實現。

為此，本書針對特殊印刷與加工方法兩部分，分成印刷、紙的加工、後續加工、裝訂製書等四個單元，介紹各式各樣自己動手製作的方法。

本書提供了許多創意想法，實際製作起來也非常容易，同時介紹製作數量大／量少的示範作品。即便在嚴苛的預算限制之下，你也可以完成漂亮的印刷品！

───────────────────────

內容簡介（部分精選）

實踐篇 I 印刷
挑戰個人印刷機的凸版印刷／使用縫紉機加工
植絨加工／謄寫版印刷
以樹脂版製作印章
使用印刷筆印刷文字
挑戰絲網印刷　等

實踐篇 II 紙的加工
利用水裁切紙張／使用打孔機刻上細緻圓點文字
使用手動圓角機為紙角加工　等

實踐篇 III 後續加工
將印刷品製成真空袋／利用塑膠封口機密封
毀損加工／皺紋加工
利用熨斗熱燙箔紙加工
收縮膜加工／使用微晶蠟上蠟加工　等

實踐篇 IV 裝訂・製書
中間裝訂／車線製書／日式線裝書（簡易式）
蛇腹摺製書／利用活頁打孔機製作金屬線圈書
以水性白膠固定書背等

手作◍良品　15

特殊──印刷‧加工DIY BOOK（暢銷版）

作　　　者／大原健一郎＋野口尚子＋Graphic社編輯部
譯　　　者／徐淑娟
發 行 人／詹慶和
總 編 輯／蔡麗玲
執行編輯／蔡毓玲
編　　　輯／劉蕙寧‧黃璟安‧陳姿伶‧李宛真‧陳昕儀
執行美編／韓欣恬
美術編輯／陳麗娜‧周盈汝
出 版 者／良品文化館
發 行 者／雅書堂文化事業有限公司
郵撥帳號／18225950　戶名：雅書堂文化事業有限公司
地　　　址／新北市板橋區板新路206號3樓
電子信箱／elegant.books@msa.hinet.net
電話／(02)8952-4078
傳真／(02)8952-4084

2019年02月二版一刷　2013年03月初版一刷　定價380元

發行者／久世利郎
書籍設計＋組版／大原健一郎（NIGN）
攝影／弘田充（弘田寫真事務所）
　　　大沼洋平（弘田寫真事務所）
企劃‧編輯／津田淳子（グラフィック社）

DIY book for Special printing and processing
特殊印刷‧加工DIYブック
©2011 Kenichiro Oohara / Naoko Noguchi / Graphic社編輯部
©2011 Graphic-sha Publishing Co., Ltd.
This book was first designed and published in Japan in 2011
by Graphic-sha Publishing Co., Ltd.
This Complex Chinese edition was published in Taiwan in 2013
by Elegantbooks.

經銷／易可數位行銷股份有限公司
地址／新北市新店區寶橋路235巷6弄3號5樓
電話／（02）8911-0825
傳真／（02）8911-0801

國家圖書館出版品預行編目(CIP)資料

特殊印刷.加工DIY BOOK: 特殊印刷.製書.加工:
實現趣味&設計創意的專業級作品! / 大原健一郎,
野口尚子, Graphic社編輯部著；徐淑娟譯.
-- 二版. -- 新北市：良品文化館出版：雅書堂文化
發行, 2019.02
　　面；　　公分. -- (手作良品；15)
譯自：特殊──印刷‧加工DIYブック
ISBN 978-986-7627-04-9(平裝)

1.印刷 2.圖書加工 3.商業美術
477.8　　　　　　　　　　　　　108000954